华北平原
重大农业外来入侵病虫及主要天敌图鉴

张艳军　王　慧　杨殿林
刘红梅　张海芳　赵建宁　　等　著

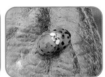

中国农业科学技术出版社

图书在版编目（CIP）数据

华北平原重大农业外来入侵病虫及主要天敌图鉴 /
张艳军等著. -- 北京：中国农业科学技术出版社，
2024. 8. -- ISBN 978-7-5116-6993-3

Ⅰ. S435-64

中国国家版本馆CIP数据核字第 2024T4U473 号

责任编辑	王惟萍
责任校对	王　彦
责任印制	姜义伟　王思文

出 版 者	中国农业科学技术出版社
	北京市中关村南大街 12 号　　邮编：100081
电　　话	（010）82106643（编辑室）　　（010）82106624（发行部）
	（010）82109709（读者服务部）
网　　址	https://castp.caas.cn
经 销 者	各地新华书店
印 刷 者	北京地大彩印有限公司
开　　本	148 mm × 210 mm　　1/32
印　　张	5.25
字　　数	150 千字
版　　次	2024 年 8 月第 1 版　　2024 年 8 月第 1 次印刷
定　　价	68.00 元

《华北平原重大农业外来入侵病虫及主要天敌图鉴》

著 者 名 单

张艳军	王　慧	杨殿林	刘红梅	张海芳
赵建宁	张贵龙	修伟明	李　洁	徐　艳
王丽丽	谭炳昌	李　刚	高晶晶	李睿颖
闫雪影	何北辰	刘雨欣	向子仪	王　杰
李　宸	张秀云	宋孝红	王连芬	李　争
李宏伟	李海燕	李国治	刘　伟	刘均革
安克锐	刘　莉	石占飞	魏同科	颜　越
朱　晨	张成龙	刘晓晨	杨勤民	齐军山
孔令强	赵　猛	曹洪俊	高先涛	朱开成
张冬菊	左利波			

前 言

PREFACE

当下，世界范围内外来有害生物入侵已成为各国最严重的生态环境问题。随着我国经济、社会快速发展和改革开放的不断深化，越来越多的外来生物被有意或无意引进和传入我国。虽然引进的外来生物对我国经济、社会和文化的发展起到了一定的促进作用，但是很多外来生物也可能存在潜在危害。大部分外来生物成功入侵后会大暴发，快速扩张难以控制，对本地生物物种及生态系统造成不可逆转的破坏，被公认是导致生物多样性丧失的重要因素。外来有害入侵生物除了会造成巨大的经济损失，还会严重威胁人类的健康。《生物多样性公约》第十次缔约方大会通过了生物多样性战略计划，要求查明外来入侵生物，明确其优先顺序，防治重大外来入侵生物。为防控外来入侵生物，履行相关国际公约，维护国家利益，促进环境外交，生态环境部发布了《中国生物多样性保护战略与行动计划》（2011—2030年），要求提高对外来入侵生物的早期预警、应急与监测能力。华北平原是我国人口最稠密的地区，也是农经贸发达的地区，特殊的自然条件和人文社会禀赋使该区域成为我国外来入侵物种危害最严重的地区。华北平原外来入侵病虫物种的分布、危害、扩散途径、识别鉴定和防控措施等基础信息较为匮乏。随着新的重大入侵物种不断涌现，对这些入侵病虫的了解不足，以及对害虫天敌保护和利用的意识不强，使得在该区域实现绿色高效防控外来入侵病虫的难度增大。

为此，笔者撰写了《华北平原重大农业外来入侵病虫及主要天敌图鉴》。本书共分四部分，总论介绍了华北平原农业概况、农业外来入侵病虫物种、主要天敌类群和本书撰写说明；第一篇介绍了华北平原重大农业外来入侵病原物种13种；第二篇介绍了华北平原重大农业外来入侵害虫物种12种；第三篇介绍了华北平原外来入侵害虫的主要天敌物种20种。

本书旨在引导读者了解华北平原重大农业外来入侵病虫物种危害及防控知识，同时尝试通过介绍入侵害虫的主要天敌类群以启发重视农业生物多样性的保护利用。本书可供植物保护学、农业生态学等相关领域的科研、管理、生产、生物爱好者或保护者参考。

由于著者水平有限，全书虽数易其稿，缺点和疏漏在所难免，恳请读者提出宝贵意见并指正。

著　者

2024年6月于天津

目 录
CONTENTS

第三篇　主要天敌物种

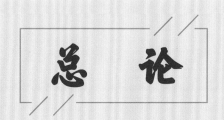

华北平原重大农业外来入侵病虫及主要天敌图鉴

1. 华北平原农业概况

华北平原是我国第二大平原，地势低平，是典型的冲积平原。该区域人口规模超过2.8亿人，是我国人口最稠密的地区。同时，该区域也是我国最重要的农业产区之一，以种植生产小麦、玉米、大豆、棉花、蔬菜、水果等粮食和经济作物为主。据统计，2022年该区域小麦种植面积约1.2亿亩（1亩≈667 m²），产量约8 000万t；玉米种植面积约1.15亿亩，产量约7 000万t。可见，该区域的粮食生产对整个中国的粮食供应起着重要作用。由于农业集约化程度较高，该区域农田长期、大面积、单一化种植，严重依赖化学投入品施用，农业生物多样性遭到破坏，农业生态系统综合功能变得脆弱。

2. 农业外来入侵病虫物种

我国是遭受农业外来入侵病虫物种危害最为严重的国家之一。根据《2020中国生态环境状况公报》，全国已发现660多种外来入侵物种，其中病害37种、虫害126种。外来物种入侵不仅会导致生物多样性丧失和物种灭绝，同时也会威胁全球粮食供应安全。华北平原是我国农经贸发达的地区，农业强度高，贸易频繁，人口稠密，流动性高，特殊的自然条件和人文社会禀赋使该区域成为外来物种入侵严重危害的地区。据统计，华北平原的农业外来入侵病虫物种包括37种病害和55种虫害。常见的如番茄黄化曲叶病毒、棉花黄萎病菌、烟粉虱、美洲斑潜蝇、二斑叶螨、苹果绵蚜等。

3. 主要天敌类群

天敌是能够持续发挥控制病虫害的自然生物因子，对维持农业生态系统的平衡和稳定，对抗农业外来入侵病虫物种的不利影响有重要作用。天敌常见的类群有昆虫纲的膜翅目、鞘翅目、双翅目、半翅目、蜻蜓目（全部）、螳螂目（全部）、脉翅目（全部）等和蜘蛛纲的蜘蛛目。膜翅目昆虫中的寄生性天敌昆虫类群包括广腰亚目的尾蜂、细腰亚目锥尾组的姬蜂、茧蜂、瘿蜂、细蜂、小蜂（大部分）等。细腰亚目针尾组一般为捕食性天敌昆虫，主要类群有肿（腿）蜂、胡蜂、蚁蜂、蛛蜂、土蜂等。鞘翅目昆虫的捕食性天敌昆虫主要有虎甲、步甲、瓢虫、隐翅甲等。双翅目中的天敌昆虫主要有长足虻、寄蝇、瘿蚊（部分）、食蚜蝇（部分）等。半翅目中的天敌昆虫多为捕食性，如猎蝽、姬蝽、花蝽等。全部的蜻蜓目、螳螂目、脉翅目昆虫均为捕食性天敌昆虫。蜘蛛目的天敌物种均为捕食性天敌，如狼蛛科、蟹蛛科、皿蛛科等。

4. 本书撰写说明

本书收集整理了华北平原13种重大农业外来入侵病原物种，涵盖了植物病原病毒、细菌、真菌、藻物和线虫；12种重大农业外来入侵害虫物种，涉及鳞翅目、半翅目、双翅目、鞘翅目、缨翅目、蜱螨目。同时，整理了这些外来入侵害虫的主要天敌物种20种，涉及蜻蜓目、螳螂目、半翅目、脉翅目、鞘翅目、膜翅目、双翅目、蜘蛛目。图片引用了少量经典，其余均为著者拍摄。本书得到了国家自然科学基金（32271651）、国家重点研发计划（2022YFD1401200）、中国农业科学院科技创新工程（农业农村部环境保护科研监测所）、农业外来入侵物种发生危害及扩散风险等调查、外来入侵物种危害评估与扩散风险测算政府采购项目的资金支持。

农业外来入侵病原物种

华北平原重大农业外来入侵病虫及主要天敌图鉴

病　毒

1. 黄瓜绿斑驳花叶病毒

【病 毒 名】黄瓜绿斑驳花叶病毒*Cucumber green mottle mosaic virus*（CGMMV）。

【别　　　名】Cucumber virus 3、Cucumber virus 2。

【分类地位】隶属病毒界（*Viruses*）黄色病毒门（*Kitrinoviricota*）阿尔法病毒超群纲（*Alsuviricetes*）马特利病毒目（*Martellivirales*）帚状病毒科（*Virgaviridae*）烟草花叶病毒属（*Tobamovirus*）。

【形态特征】病毒粒体为直杆状，长约300 nm，直径15～18 nm，无包膜；核壳由2 130个壳粒呈螺旋状排列而成，约有130个螺旋，螺旋的直径为4 nm，螺距为2.3 nm，1个螺旋由49个亚单位或3个转角组成。存在株系分化。

【危害症状】病毒侵染植株的幼叶出现不规则的褪绿色或淡黄色，呈斑驳花叶状，使绿色部分隆起叶面凹凸不平，叶缘向上翻卷，叶片略变窄细（图1-1.1）。叶片老化后症状逐渐不明显，与健叶无大区别。病果表面出现浓绿色略圆的斑纹，有时可见坏死斑。果梗偶见褐色坏死条纹。果肉周边近果皮部呈黄色水渍状，种子周围的果肉呈紫红色或暗红色水渍状，果肉内出现块状黄色纤维，逐渐成为空洞；成熟果果肉全变成暗红色，内有大量空洞呈丝瓜瓤状，软化，腐烂异味。

【起　　　源】1935年在英国首次发现。

图1-1.1 黄瓜绿斑驳花叶病毒侵染黄瓜叶片症状（高晶晶 摄）

【分　　布】境外分布在英国、德国、丹麦、俄罗斯、印度、日本、韩国、希腊、罗马尼亚、匈牙利、保加利亚、捷克、巴西、爱尔兰、摩尔多瓦、瑞典、芬兰、波兰等国。我国分布在河北、北京、山东、台湾、辽宁、甘肃、新疆、广东、广西、湖北、浙江、安徽等地。

【入侵时间】20世纪80年代入侵台湾，2005年入侵辽宁盖州。

【入侵生境】菜地、瓜果地（图1-1.2）。

【寄　　主】寄主范围较窄，自然侵染主要是以黄瓜、西瓜、甜瓜、瓠子、丝瓜、苦瓜等葫芦科植物为主，也可侵染杖藜、曼陀罗、烟草、栝楼，以及蝴蝶草属等植物。

【环境条件】病毒生物学特性稳定，10 min致死温度80～90℃，稀释限点10^{-6}，20℃下体外保毒期240 d以上。

【扩散途径】带毒种子是病毒远距离传播的主要侵染源。介体、受污染的器具、机械和被病残体污染的土壤等也能传毒。传毒介体有黄守瓜、桃蚜和甜菜蚜等。

8

图1-1.2　黄瓜绿斑驳花叶病毒危害大棚黄瓜（高晶晶　摄）

【危　　害】病毒在葫芦科作物上频繁发生，作物一旦被黄瓜绿斑驳花叶病毒危害，损失非常严重，一般会造成产量损失15%～30%，严重的会达到60%以上，甚至绝收。

【诊　　断】病毒为国内检疫对象、进境检疫对象，除了进行田间目测检查以外，还需要配合实验室相关检测手段来进行鉴定，常采用血清学技术或聚合酶链式反应（PCR）技术。

【控制措施】检疫：采取严格的检疫根除措施，包括销毁发病的瓜类植物及产品，严格禁止带毒种苗调入调出，对被污染的土壤、物品、运输工具、农具、旧薄膜、绳子等进行彻底消毒。农业防治：轮作倒茬，种植葫芦科作物要与非葫芦科植物实行轮作倒茬3年以上；农事操作，对手和工具用脱脂奶粉、磷酸三钠、酒精或肥皂水消毒，防止人为交叉感染和传播病毒；田间管理，避免大水漫灌和氮肥过量，发现病株应拔除，清除病植株、果实、茎叶及残枝落叶，带到田外焚烧或深埋处理。物理防治：种子处理，在播种前3 d将种子浸入55～60℃的温水搅拌浸种15～30 min或磷酸三钠溶液浸种20～30 min。化学防治：土壤消毒，对育苗地和已发病的地块做好棚室的土壤消毒处理，可供选择药剂种类有威百亩、氯化苦、熟石灰、氰氨化钙等。

2. 番茄褐色皱纹果病毒

【病 毒 名】番茄褐色皱纹果病毒*Tomato brown rugose fruit virus*（ToBRFV）。

【分类地位】隶属病毒界（*Viruses*）黄色病毒门（*Kitrinoviricota*）阿尔法病毒超群纲（*Alsuviricetes*）马特利病毒目（*Martellivirales*）帚状病毒科（*Virgaviridae*）烟草花叶病毒属（*Tobamovirus*）。

【形态特征】病毒粒子呈杆状，长约300 nm，宽约18 nm，与典型的烟草花叶病毒属病毒粒子形态特征类似（图1-2.1）。

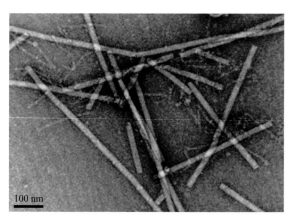

100 nm

图1-2.1　番茄褐色皱纹果病毒粒子形态（引自Luria et al., 2017）

【危害症状】病毒侵染番茄叶片的主要症状为花叶、深绿色突起、叶片狭窄、叶脉黄化严重时坏死（图1-2.2），花和果实数量减少，果实上出现黄色或褐色斑块，果实变小，出现皱纹，严重的导致果梗坏死（图1-2.3）。病毒侵染辣椒的症状表现为植株发育迟缓，叶片上出现褶皱和黄色斑驳（图1-2.4），果实畸形（图1-2.5）。

图1-2.2 番茄褐色皱纹果病毒侵染番茄叶片症状（张艳军 摄）

图1-2.3 番茄褐色皱纹果病毒侵染番茄果实症状（张艳军 摄）

图1-2.4　番茄褐色皱纹果病毒侵染辣椒叶片症状（张艳军　摄）

图1-2.5　番茄褐色皱纹果病毒侵染辣椒果实症状（张艳军　摄）

【起　　源】2014年在以色列首次发现。

【分　　布】境外分布在以色列、约旦、巴勒斯坦、德国、意大利、墨西哥、美国、土耳其、荷兰、英国、法国、塞浦路斯、比利时、波兰、捷克、埃及、马耳他、匈牙利、保加利亚、挪威、奥地利、爱沙尼亚、斯洛文尼亚、瑞士、葡萄牙、乌兹别克斯坦等国。我国分布在北京、山东、陕西、江苏、云南等地。

【入侵时间】2019年入侵山东。

【入侵生境】菜地（图1-2.6、图1-2.7）。

图1-2.6　番茄褐色皱纹果病毒危害大棚番茄（张艳军　摄）

图1-2.7　番茄褐色皱纹果病毒危害大棚辣椒（张艳军　摄）

13

【寄　　主】自然寄生主要为番茄、辣椒等茄科作物。通过汁液摩擦接种鉴别寄主有麻叶藜、杖藜、藜麦、本氏烟草、黏毛烟草、黄花烟草、毛叶烟、黑星草、矮牵牛。

【环境条件】病毒可通过汁液摩擦接种，接种10～22 d番茄显示发病症状，在不同番茄品种上发病时间有所差异；病毒接种23 d辣椒可观察到发病症状；但病毒不能通过摩擦接种感染茄子。

【扩散途径】病毒主要通过嫁接、搭架绑蔓、修枝打杈等农事操作短距离传播。病毒在种子中存活数年，在种子萌芽时感染植株，种子传播是病毒长距离快速传播的主要方式之一。熊蜂也可传播该病毒。

【危　　害】番茄一旦感染病毒，植株发病率会很高，很有可能会出现整棚植株发病的严重情况，严重影响产量和果实质量。该病毒给全世界造成的直接经济损失已经累计高达数十亿美元。

【诊　　断】病毒为国内检疫对象、进境检疫对象，除了进行田间目测检查以外，还需要配合实验室相关检测手段来进行鉴定，常采用血清学技术或PCR技术。

【控制措施】检疫：对种子或种苗进行严格检疫，防止病毒通过种子或种苗快速扩展。农业防治：避免病毒通过农事操作在田间传播，在进行植株移栽或修枝等操作时，尽量佩戴一次性鞋套和手套，每次处理新植物时用酒精或消毒剂对工具进行消毒；清洁田园，田间发现疑似症状的植株，应立即清除其周围1.5 m范围内的植株；去除田间、路边杂草，切断病毒田间循环侵染；进行轮作。化学防治：土壤消毒，对育苗地和已发病的地块做好棚室的土壤消毒处理，可供选择药剂种类有威百亩、氯化苦、熟石灰、氰氨化钙等。

3. 番茄黄化曲叶病毒

【病　毒　名】番茄黄化曲叶病毒*Tomato yellow leaf curl virus*

（TYLCV）。

【分类地位】隶属病毒界（*Viruses*）CRESS DNA病毒门（*Cressdnaviricot*）复单病毒纲（*Repensiviricetes*）双植病毒目（*Geplafuvirales*）双生病毒科（*Geminiviridae*）菜豆金色花叶病毒属（*Begomovirus*）。

【形态特征】病毒粒体呈孪生颗粒状，长30 nm，宽20 nm。存在株系分化。

【危害症状】番茄植株生长初期感染，植株上的叶片变小，顶端的叶片边缘会轻微发黄并且上卷，叶脉间的叶肉也会发黄，整片叶萎缩、褶皱，植株生长得非常慢或者是不再生长，节间缩短，明显矮化，仅为正常株的1/2～2/3（图1-3.1）；成株感染，叶脉变成紫色，叶片增厚变硬或者变成焦枯，新长出的叶片会出现黄绿不均匀的斑点，有凹凸不平的皱缩或者变形，严重时叶片会萎缩，即使到最后生长至成熟植株，也不会正常开花结果（图1-3.2）；开花后感染，结果的数量也会减少，果实变小产生畸形，不能正常变色成熟（图1-3.3）。

图1-3.1 番茄黄化曲叶病毒侵染苗期番茄叶片症状（张艳军 摄）

图1-3.2　番茄黄化曲叶病毒侵染成株期番茄叶片症状（张艳军　摄）

图1-3.3　番茄黄化曲叶病毒侵染盛果期番茄叶片症状（高晶晶　摄）

【起　　源】1939年在以色列约旦河一带首次发现。

【分　　布】境外分布在非洲、大洋洲、美洲的中部和南部以及亚洲的西部和南部等热带和亚热带地区。我国分布在北京、天津、山东、台湾、广西、云南、上海、浙江、辽宁、江苏、湖北、四川、新疆等地。

【入侵时间】2000年入侵台湾。

【入侵生境】菜地（图1-3.4）。

图1-3.4　番茄黄化曲叶病毒危害大棚番茄（高晶晶　摄）

【寄　　主】寄主范围广，可以危害多种经济作物，如番茄、茄子、黄瓜和烟草等，野生寄主有曼陀罗等。

【环境条件】番茄育苗的时期与病毒发病程度有很大关系，育苗时气温越低发病越轻，反之发病越重。

【扩散途径】烟粉虱是唯一的传播媒介，各种生物型的烟粉虱均可传播。机械摩擦和种子不传毒，但嫁接可导致病毒传播。

【危　　害】发病地段不严重的番茄将减产20%～30%，发病比较严重的地段番茄可减产50%，甚至颗粒无收，对番茄种植业造成严重的影响，给农民生产造成巨大的经济损失。

【诊　　断】病毒为国内检疫对象、进境检疫对象，除了进行田间目测检查以外，还需要配合实验室相关检测手段来进行鉴定，常采用血清学技术、荧光核酸杂交法或PCR技术。

【控制措施】检疫：采取严格的检疫根除措施。农业防治：选择种植抗病或耐病的优质品种；加强对田间的管理，培育优质壮苗，移栽定植前一定要彻底清理棚内外杂草及残留的植株；使用氯化磷酸三钠溶液擦拭或甲醛熏蒸对棚室进行全面消毒；在番茄生长期间清除老死的枝叶，一旦发现有病的马上拔除，带出田间和棚外埋在地下或销毁；实行轮作换茬，相对发病严重的地区要和至少不是茄科的作物进行3年以上的轮作。物理防治：设置隔离网防虫，在棚室入口和通风口设置30～40目防虫网，减轻烟粉虱的侵入；利用黄板、黄盆诱杀烟粉虱成虫。生物防治：保护或释放天敌，寄生性天敌如丽蚜小蜂；捕食性天敌如小黑瓢虫；生物源杀虫制剂如阿维菌素。化学防治：几种药剂混合起来同时使用，可选用噻嗪酮、吡虫啉喷雾防治；或用芸苔素内酯、赤·吲乙·芸苔、氨基寡糖素等激活植株自身免疫力。

4. 烟草环斑病毒

【病 毒 名】烟草环斑病毒 *Tobacco ringspot virus*（TRSV）。
【分类地位】隶属病毒界（*Viruses*）正链RNA病毒门（*Pisuviricota*）小南嵌套病毒纲（*Pisoniviricetes*）微小核糖核酸病毒目（*Picornavirales*）豇豆花叶病毒科（*Comoviridae*）线虫传多面体病毒属（*Nepovirus*）。
【形态特征】病毒粒子是球状的、等轴的、直径约28 nm的二十面体。
【危害症状】症状因感染寄主而异，通常病毒侵染的植株呈现的症状为叶片出现环状或线状纹、褪绿斑或斑驳、坏死斑、根腐烂、茎顶枯；结果少或所结的果畸形；节间缩短及全株矮缩；木质部有凹陷孔和沟；韧皮部增厚并呈海绵状。病毒在烟草上产生环斑，病斑常由断续的坏死线局限起来，呈粉白色或棕色单环或双环，直径5～8 mm，与病斑相邻组织褪

图1-4.1　烟草环斑病毒侵染烟草叶片（张艳军　摄）

绿，有时形成1个晕圈（图1-4.1）。病毒在辣椒上产生环斑，呈黄色的闭合或断开的单环或双环，直径5～7 mm（图1-4.2）。

图1-4.2　烟草环斑病毒侵染辣椒叶片（高晶晶　摄）

【起　　源】1927年在美国弗吉尼亚烟草上首次发现。

【分　　布】境外分布在美国、加拿大、捷克、匈牙利、立陶宛、波兰、罗马尼亚、俄罗斯、塞尔维亚、黑山、乌克兰、英国、印度、印度尼西亚、伊朗、日本、朝鲜、吉尔吉斯斯坦、阿曼、沙特阿拉伯、斯里兰卡、土耳其、刚果、埃及、马拉维、摩洛哥、尼日利亚、古巴、多米尼加、加拿大、墨西哥、阿根廷、巴西、秘鲁、乌拉圭、澳大利亚、新西兰、巴布亚新几内亚等国。我国分布在山东、河南、安徽、辽宁、黑龙江、云南、贵州、福建、湖南、湖北、陕西、台湾等地。

【入侵时间】不详。

【入侵生境】农田（图1-4.3）、菜地（图1-4.4）。

图1-4.3　烟草环斑病毒危害烟草田（张艳军　摄）

图1-4.4　烟草环斑病毒危害大棚辣椒（高晶晶　摄）

【寄　　主】自然寄主范围广泛，极易侵染豆科、茄科植物，以及葫芦属、越橘属、悬钩子属、葡萄属、李属、天竺葵属、番红花属、绣球属和瑞香属植物，也可侵染唐菖蒲、银莲花、风信子、苏丹凤仙花、钝齿冬青、四季秋海棠等观赏植物，还可侵染豚草、大麻、金叶过路黄、葛藟葡萄等野草。

【环境条件】病毒的致死温度为60～65℃，稀释限点为10^{-4}～10^{-3}，体外存活期1～2周。在高氮水平下病害发生较重，豆茬、重茬发病重，对于烟草与烟苗移栽期有关，4月上中旬移栽比5月上旬移栽发病重。

【扩散途径】病毒可通过种子传播、嫁接、机械接种、媒介传播。美洲剑线虫是主要传播媒介。蓟马的若虫、螨、桃蚜、烟草甲、叶蝉（部分）等也可以传毒。

【危　　害】病毒侵染造成的损失非常严重，大豆产量损失50%以上，菜豆减产30%～50%，茄子减产可达55%～70%。

【诊　　断】病毒为进境检疫对象，除了进行田间目测检查以外，还需要配合实验室相关检测手段来进行鉴定，常采用电镜观察、血清学技术、荧光核酸杂交法或PCR技术。

【控制措施】检疫：加强检疫，推行种苗检疫证书制度，防止病苗扩散。农业防治：采用无毒的繁殖材料，使用经检测证明为无毒的种子和幼苗；选育和使用抗病、免疫品种；轮作；除草。物理防治：覆盖银灰地膜以及喷增抗剂等阻止昆虫媒介迁入农田。化学防治：当线虫媒介被检测出就要在种植前用杀线剂防治，可选用噻唑膦、阿维菌素；治蚜、治螨、治蝉，可选用吡虫啉、虫螨腈、噻虫嗪。

5. 李属坏死环斑病毒

【病 毒 名】李属坏死环斑病毒*Prunus necrotic ringspot virus*（PNRSV）。

【别　　名】桃环斑病毒、李环斑病毒、酸樱桃坏死环斑病毒、坏死环斑病毒。

【分类地位】隶属病毒界（*Viruses*）黄色病毒门（*Kitrinoviricota*）阿尔法病毒超群纲（*Alsuviricetes*）马特利病毒目（*Martellivirales*）雀麦花叶病毒科（*Bromoviridae*）等轴不稳环斑病毒属（*Ilarvirus*）。

【形态特征】病毒为等轴对称球状体，直径分别为235 nm和27 nm，无包膜。有些粒体为准等轴球状到短棒状（轴比为1.01～1.5），有些株系的病毒粒体呈明显棒状（轴比大于2.2），有的棒状粒体长达70 nm，棒状粒体的有无及比例因株系而异。

【危害症状】病害症状因分离物、栽培种和环境条件不同而不同。典型症状是新叶上出现坏死环斑或黄条斑，坏死斑中心脱落，出现孔洞，重者只剩下花叶状叶架。有的株系会产生橡叶纹，有的株系在叶片背面出现耳突，有的株系产生黄花叶症。苹果主要表现在叶片上，叶片上形成斑驳型、花叶型、条斑型、环斑型和镶边型等不同染病症状（图1-5.1），感病树体生长缓慢，病树提早落叶，果实味淡，不耐储藏。

图1-5.1　李属坏死环斑病毒侵染苹果叶片（张艳军　摄）

【起　　源】1932年在美国肯塔基大学农业试验站首次发现。

【分　　布】境外分布在塞浦路斯、印度、以色列、日本、约旦、叙利亚、土耳其，比利时、保加利亚、丹麦、法国、德国、希腊、匈牙利、意大利、荷兰、波兰、罗马尼亚、西班牙、俄罗斯、英国、塞尔维亚、摩洛哥、南非、阿根廷、加拿大、智利、美国、澳大利亚、新西兰等。我国分布在北京、山东、陕西、辽宁等地。

【入侵时间】1989年入侵陕西。

【入侵生境】果园（图1-5.2）、农田。

图1-5.2 李属坏死环斑病毒危害苹果园（高晶晶 摄）

【寄 主】寄主范围广，主要有苹果、桃、杏、樱桃、啤酒花、烟草、西瓜、甜瓜、南瓜、西葫芦、菜豆、豌豆、向日葵等。

【环境条件】病毒体外存活期6～18 h，随浓度而异，未稀释的汁液几分钟内侵染性大多丧失。稀释限点为10^{-3}～10^{-2}，钝化温度为55～62℃，随株系不同而异。发病条件与温度关系密切。在春季，李属植物展叶时比较适合症状的显现和观察，温度稍高时症状潜隐，夏季很少看到典型症状。

【扩散途径】病毒通过苗木、种子调运和接穗、砧木的交流远距离传播，通过线虫、螨、菟丝子等介体和花粉、嫁接、剪枝等农事操作近距离传播。

【危　　害】病毒侵染可使果园产量明显下降，减产2%～50%，有些株系造成的减产可达50%以上。

【诊　　断】病毒为进境检疫对象，除了进行田间目测检查以外，还需要配合实验室相关检测手段来进行鉴定，常采用电镜观察、血清学技术、PCR技术。

【控制措施】检疫：加强植物检疫，防止病虫的引入和扩散。农业防治：培育无毒苗木，选用无毒接穗；淘汰病株，感病幼树及低效结果树应及时刨除。物理防治：对植株、空气、幼苗进行热处理或温汤浸渍，杀死病毒。化学防治：将农药直接加入无菌培养基中与试管苗共培养，或喷施于果树的幼嫩部位上，连续施用几次，可选用琥铜·吗啉胍等。

细　　菌

6. 番茄细菌性溃疡病菌

【学　　名】密执安棒状杆菌密执安亚种*Clavibacter michiganensis* subsp. *michiganensis*。

【别　　名】番茄溃疡病菌。

【分类地位】隶属细菌界（Bacteria）放线菌目（Actinomycetale）放线菌纲（Actinomycetia）微球菌目（Micrococcales）微杆菌科（Microbacteriaceae）棒形杆菌属（*Clavibacter*）。

【形态特征】病菌为好氧细菌、革兰氏阳性菌，菌体短杆状或棍棒形，无鞭毛，无芽孢。在NA培养基上培养3 d后形成的菌落为圆形，直径2～3 mm，黄白色，边缘整齐，不透明，表面光滑，黏稠状。

【危害症状】病菌从叶缘侵入，初期叶边缘会出现褐色的病斑，并伴有黄色晕圈，随后病斑颜色加深逐渐变为黑褐色，病斑逐渐向内扩大，导致整个叶片黄化，似火烧状。当从叶面上直接侵染时会出现向下凹陷的褐色小斑点，病斑近圆形至不规则形。成株期发病，一般是下部叶片首先表现症状，并逐渐向顶端蔓延，病害严重发生时引起全株性叶片干枯。在果实上的典型症状是形成"鸟眼斑"，病斑中央产生黑色的小斑点并伴有白色的晕圈，较粗糙，直径约为3 mm。"鸟眼斑"既可以在成熟果实上出现也可以在未成熟果实上出现（图1-6.1）。茎部和叶柄感病会出现褐色的条斑，随着病情扩展病斑呈开裂的溃疡状，剖开茎部会发现维管组织变色并向上下扩展，长度可由1节扩展到几节，后期产生长短不一的空腔，

图1-6.1 番茄细菌性溃疡病菌侵染番茄叶片（张艳军 摄）

茎略变粗，生出许多不定根（图1-6.2），最后茎下陷或开裂，髓部中空。系统感染后的植株首先会表现出萎蔫似缺水，叶片边缘向上卷曲进一步发展，整个番茄病株萎蔫，植株生长缓慢，迅速枯萎死亡。

图1-6.2　番茄细菌性溃疡病菌侵染番茄茎部（高晶晶　摄）

【起　　源】1909年在美国密歇根州大急流城首次发现。

【分　　布】境外分布在北美洲、欧洲、亚洲、非洲、大洋洲，涵盖了美国、英国、加拿大、德国、日本等60多个国家。我国分布在内蒙古、北京、河北、河南、山东、黑龙江、吉林、辽宁、新疆、上海、海南、重庆、湖北、贵州等地。

【入侵时间】1985年入侵北京平谷。

【入侵生境】菜地（图1-6.3）。

图1-6.3　番茄细菌性溃疡病菌危害大棚番茄（张艳军　摄）

【寄　　主】除侵染番茄外，还侵染辣椒、龙葵、裂叶茄及其他茄属植物，也可侵染心叶烟草和其他茄属植物。接种寄主包括马铃薯、小麦、大麦、黄瓜、黑麦、燕麦、向日葵和西瓜等植物。

【环境条件】在温暖潮湿的条件下发病严重，尤其在湿度大、低洼积水、排水不畅、通风不良的田地易发生。温度在23～34℃，湿度大、结露持续时间长时，利于番茄溃疡病的流行。

【扩散途径】主要通过伤口包括损伤的叶片、幼根侵入到寄主内部，也可以从自然孔口包括气孔、水孔、叶片毛状体以及果实的表皮直接侵入到寄主组织内部。在自然条件下，病菌主要是靠带菌的种子及种苗调运进行远距离传播。近距离传播主要靠风雨、灌溉水和昆虫，或随分苗移栽、中耕松土、整枝打杈等农事操作进行蔓延。此外，农事操作人员的手、衣物及鞋子、操作工具等也可以造成该病原菌在田间的近距离传播。

【危　　害】病害一旦发生就较难防治，轻者减产20%～30%，重者减产80%以上。

【诊　　断】病菌为进境检疫对象，对检疫现场或田间病害调查中发现的疑似病害症状样品进行采集，并带回实验室作进一步分离鉴定，依据病原菌的培养性状，致病性反应以及分子生物学特征对种类进行判定。

【控制措施】检疫：加强检疫，严防带菌种苗进入无病区。农业防治：选育抗病品种；选择无病留种田；夏天高温季节进行闷棚；田间管理及时摘除下部的老叶、黄叶、病叶，拔除病株和附近的植株，将病残体集中焚烧或深埋，并对病穴和周围的土壤消毒；合理轮作与非茄科植物轮作2年以上；改善栽培条件及时排除田间积水。物理防治：种子处理，播种前温汤浸种，在38℃水中浸泡5 min使种子预热，然后在53～55℃的条件下浸泡20～25 min不断搅拌，也可用醋酸浸种24 h，或选用次氯酸钠溶液浸种20 min。生物防治：用枯草芽孢杆菌、荧光假单胞杆菌灌根，春雷霉素灌根或叶面喷雾。化学防治：发病初期及时施药，常用的喷雾药剂有络氨铜、噻菌铜、氢氧化铜、琥胶肥酸铜等。

7. 瓜类细菌性果斑病菌

【学　　名】西瓜噬酸菌*Acidovorax citrulli*。

【别　　名】西瓜细菌性果斑病菌、西瓜细菌性斑点病菌、西瓜水渍病菌、西瓜果实腐斑病菌。

【分类地位】隶属细菌界（Bacteria）变形菌门（Proteobacteria）β-变形菌纲（Betaproteobacteria）伯克氏菌目（Burkholderiales）丛毛单胞菌科（Comamonadaceae）噬酸菌属（*Acidovorax*）。

【形态特征】病菌菌体短杆状，革兰氏染色阴性，不产生荧光，严格好氧，单根极生鞭毛。在KB培养基上呈现乳白色、圆形、光滑、全缘、隆起、不透明菌落，菌落直径1～2 mm。

【危害症状】病菌从苗期至成株期均可发病，病菌可危害叶片、茎及果实。幼苗期感病，子叶的叶尖和叶缘先发病，出现水浸状小斑点，并逐渐向子叶基部扩展形成条形或不规则形暗绿色水浸状病斑，随后感染真叶，真叶受害初期出现水浸状小斑点，病斑扩大时受叶脉的限制呈多角形、条形或不规则形暗绿色病斑，后期转为褐色，下陷干枯，形成不明显的褐色小斑，周围有黄色晕圈。成株期感病，叶片病斑多为浅褐色至深褐色，圆形至多角形，周围有黄色晕圈，沿叶脉分布，后期病斑中间变薄，病斑干枯，严重时多个病斑连在一起，有时病原菌自叶片边缘侵入，可形成近"V"形病斑，通常不导致落叶（图1-7.1），茎基部发病初期呈水浸状并伴有开裂现象（图1-7.2），严重时导致植株萎蔫。果实期感病，在果实表面出现水渍状斑点，初期较小，直径仅为几十毫米，随后迅速扩展，形成边缘不规则的深绿色水浸状病斑，几天内这些坏死病斑便可扩

图1-7.1 瓜类细菌性果斑病菌侵染甜瓜叶片（高晶晶 摄）

展并覆盖整个果实表面，初期这些坏死病斑不延伸至果肉中，后期受损中心部变成褐色并开裂（图1-7.3），果实上常见到白色的细菌分泌物或渗出物。

图1-7.2　瓜类细菌性果斑病菌侵染甜瓜茎部（高晶晶　摄）

图1-7.3　瓜类细菌性果斑病菌侵染甜瓜果实（高晶晶　摄）

【起　　源】1965年在美国佛罗里达州西瓜田首次发现。

【分　　布】境外分布在美国、澳大利亚、巴西、土耳其、日本、泰国、以色列、伊朗、匈牙利、希腊等国。我国分布在内蒙古、陕西、山西、山东、新疆、福建、湖南、广东、台湾等地。

【入侵时间】1986年入侵陕西合阳。

【入侵生境】瓜田（图1-7.4）。

图1-7.4　瓜类细菌性果斑病菌危害大棚甜瓜（高晶晶　摄）

【寄　　主】病菌自然寄主为西瓜、甜瓜。人工接种条件下也可以侵染黄瓜、南瓜、冬瓜、苦瓜、丝瓜、瓠子、西葫芦等葫芦科和番茄、辣椒、茄等茄科植物。

【环境条件】病菌存活温度4～41℃，可以存活于土壤、病残体及田间自生杂草上，但存活时间一般较短。病菌喜高温高湿，遇高温多雨季节果斑病可能在1～2周内快速流行蔓延。

【扩散途径】病菌可以依靠农事操作、嫁接、昆虫、灌溉等传播，但其远距离传播主要通过种子带菌。

【危　　害】病菌主要危害瓜类作物的幼苗和果实，高温多雨潮湿的年份发病较为严重，一般田块发病率45%～75%，严重时高达100%，该病的发生严重危害了瓜类产业的健康发展。

【诊　　断】病菌为进境检疫对象，除了进行田间目测检查以外，还需要配合实验室相关检测手段来进行鉴定，常采用血清学技术和PCR技术。

【控制措施】检疫：加强检疫，严防带菌种子、种苗进入无病区。农业防治：抗病品种，只存在具有一定程度耐病性的品种；选择无病留种田；苗床消毒；加强田间管理避免种植过密、植株徒长，合理整枝，减少伤口；平整地势，改善田间灌溉系统，合理灌溉并及时排除田间积水；彻底清除田间杂草，及时清除病株及疑似病株并销毁深埋。物理防治：播前进行种子处理，常用处理方法包括用盐酸漂洗种子15 min，或过氧乙酸、双氧水处理30 min。化学防治：选用中生菌素、氢氧化铜、琥胶肥酸铜、二氯异氰尿酸钠喷雾防治，也可用诱抗剂提高植株自身的免疫和抗病能力。

真　　菌

8. 黄瓜黑星病菌

【学　　名】瓜枝孢*Cladosporium cucumerinum*。
【别　　名】葫芦黑星病菌。
【分类地位】隶属真菌界（Fungi）子囊菌门（Ascomycota）座囊菌纲（Dothideomycetes）煤炱目（Cladosporiales）枝孢霉科

（Cladosporiaceae）枝孢菌属（*Cladosporium*）。

【形态特征】菌丝体埋生、表生，白色，有分隔，宽2～3 μm；分生孢子梗淡褐色，单生、3～6根丛生，分枝、不分枝，直立，光滑，具3～8个隔膜，长度可达400 μm，宽度可达3～5 μm，基部常膨大宽8 μm；分生孢子链生，椭圆形、圆柱形、近球形，淡褐色，多数无隔膜，长4～25 μm，宽2～6 μm（图1-8.1）。

图1-8.1　黄瓜黑星病菌产孢结构形态（引自Thomas T A）

【危害症状】幼苗发病子叶出现黄白色近圆形病斑，严重时心叶枯萎，形成秃头苗，成株生长点被害形成秃桩。嫩叶染病，叶面呈现近圆形褪绿小斑点，扩大为2～5 mm近圆形或不规则形病斑，淡黄褐色，后期多呈星状开裂，病叶多皱缩（图1-8.2）。茎、卷须、叶柄、果柄上的病斑长梭形，黄褐色，稍凹陷，易龟裂，潮湿时表面生灰黑色霉层（图1-8.3）。瓜条染病，初生暗绿色圆形至椭圆形病斑，溢出透明的黄褐色胶状物，后变为琥珀色，凹陷、龟裂呈疮痂状，病部停止生长，瓜畸形，潮湿时可生明显的灰黑色霉层（图1-8.4）。

图1-8.2　黄瓜黑星病菌侵染黄瓜叶片（张艳军　摄）

图1-8.3　黄瓜黑星病菌侵染黄瓜果实（张艳军　摄）

图1-8.4　黄瓜黑星病菌危害大棚黄瓜（张艳军　摄）

【起　　源】1889年在美国首次发现。

【分　　布】境外分布在欧洲、北美洲、亚洲的东南部等地区。我国分布在内蒙古、河北、天津、北京、山东、山西、黑龙江、吉林、辽宁、上海等地。

【入侵时间】20世纪70年代以前传入东北地区，具体时间不详。

【入侵生境】塑料大棚（图1-8.4）。

【寄　　主】寄主主要为黄瓜，还可侵染西葫芦、南瓜、甜瓜、冬瓜等葫芦科植物。

【环境条件】病菌的生长发育适温为20～22℃，适宜的相对湿度为86%～100%，但必须在有水滴的情况下孢子才能萌发，否则即使相对湿度达100%也不萌发。低温、高湿、多雨、长期连阴雨、日照不足易发病。

【扩散途径】病菌主要靠雨水、气流和农事操作在田间传播。分生孢子附在种子表面或以菌丝体潜伏在种皮内越冬，成为近距离传播的主要来源。带菌种子是唯一侵染源。

【危　　害】发病严重的大棚黄瓜病株率可达100%，病瓜率可达90%，一般减产10%～20%，严重减产80%～100%。

【诊　　断】病菌为进境检疫对象，通过现场检查植株症状、实验室检验，利用病原菌在寄主植株上的症状、病原菌的形态学特征、致病性测定等依据，结合PCR技术进行鉴定。

【控制措施】农业防治：发病严重地块实行与非葫芦科作物轮作2～3年；及时清除田间病株、落果、病叶和病花，带到棚外集中销毁或深埋处理，不可随地乱扔；白天温度控制在28～30℃、夜间15℃；保持相对湿度低于90%，加强通风，降低棚内湿度，减少叶面结露；黄瓜定植至结瓜期控制浇水。化学防治：定植前大棚内用硫黄熏蒸消毒；选用无病种子；播前种子进行消毒处理，催芽前应进行温汤（或药剂）浸种，也可用咯菌腈种衣剂拌种；发病前可用百菌清熏蒸或用苯醚甲环唑、氟硅唑、异菌脲、甲基硫菌灵、多菌灵等喷雾防治。

9. 十字花科黑斑病菌

【学　　名】甘蓝链格孢*Alternaria brassicicola*。

【别　　名】甘蓝黑斑病菌。

【分类地位】隶属真菌界（Fungi）子囊菌门（Ascomycota）座囊菌纲（Dothideomycetes）格孢菌目（Pleosporales）格孢菌科（Pleosporaceae）链格孢属（*Alternaria*）。

【形态特征】分生孢子梗单生或2～5根束生，褐色至暗褐色，上下色泽均匀，基部细胞膨大，不分枝或少数分枝，正直或弯曲，具0～2个膝状节，1～6个隔膜，长短悬殊；分生孢子褐色至榄褐色，棍棒形至长椭圆形，无喙状细胞极短，长15～70 μm，宽5～8 μm，具2～8个横隔膜，0～3个纵隔膜，分隔处缢缩（图1-9.1）。

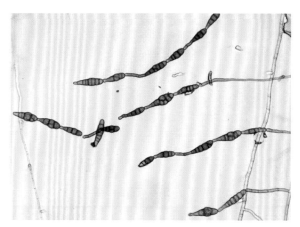

图1-9.1　十字花科黑斑病菌分生孢子梗及孢子形态（张艳军　摄）

【危害症状】病菌主要危害甘蓝的叶片，受害多从外叶开始，初为水渍状小点，后渐扩大发展为褐色至黑色小点，在潮湿气候条件下病斑5～30 mm的圆形，有明显同心轮纹，病斑周围出现黄色晕圈，发病后期病斑上长出黑色霉状物，即病菌的分生孢子梗和分生孢子（图1-9.2）；病害严重时，病斑密布全叶，使叶片枯黄致死。

图1-9.2　十字花科黑斑病菌侵染甘蓝叶片（张艳军　摄）

【起　　源】不详。

【分　　布】境外遍布世界各国。我国甘蓝种植区均有分布。

【入侵时间】不详。

【入侵生境】菜地（图1-9.3）。

【寄　　主】寄主为甘蓝、花椰菜等十字花科植物。

【环境条件】病菌在10～35℃都能生长发育，但常要求较低的温度；遇连阴雨天，排水不畅，播种的密度过大，利于病害的流行；肥力不足，大田改种甘蓝类蔬菜，发病重。

【扩散途径】病菌主要靠雨水、气流和农事操作在田间传播。

【危　　害】病菌发病率30%左右，严重时达100%，可明显影响甘蓝的产量和质量。

图1-9.3　十字花科黑斑病菌危害大田甘蓝（张艳军　摄）

【诊　　断】通过现场检查植株症状、实验室检验，利用病原菌在寄主植株上的症状、病原菌的形态学特征、致病性测定等依据，结合PCR技术进行鉴定。

【控制措施】农业防治：增施基肥，增强寄主抗病力，注意氮、磷、钾配合，避免缺肥；及时摘除病叶，减少菌源；与非十字花科作物隔年轮作。化学防治：播种前可用福美双或异菌脲拌种；发病初期可喷洒异菌脲、百菌清、三唑酮·多菌灵、三唑酮·福美双、甲基硫菌灵·乙霉威、腐霉利、代森锰锌或春雷霉素，间隔7~10 d喷1次，连喷2~3次。

10. 桃缩叶病菌

【学　　名】畸形外囊菌*Taphrina deformans*。

【别　　名】桃叶疱病菌。

【分类地位】隶属真菌界（Fungi）子囊菌门（Ascomycota）外囊菌纲（Taphrinomycetes）外囊菌目（Taphrinales）外囊菌科（Taphrinaceae）外囊菌属（*Taphrina*）。

【形态特征】有性时期形成子囊及子囊孢子，多数子囊栅状排列成子实层，形成灰白色粉状物；子囊圆筒形，顶端扁平，底部稍窄，无色，长25~40 µm，宽8~12 µm；内生8个或不足8个子囊孢子，长6~9 µm，宽5~7 µm，椭圆形或圆形，单胞，无色；子囊孢子在子囊里面或外面，可以用芽殖法产生很多的芽孢子，长2.5~6 µm，宽4.5 µm，芽孢子卵圆形（图1-10.1）。

图1-10.1 桃缩叶病菌孢子形态（张艳军 摄）

【危害症状】病菌主要危害叶片，嫩叶刚伸出时就显现卷曲状，颜色发红；叶片逐渐开展，卷曲及皱缩的程度随之增加，致全叶呈波纹状凹凸，严重时叶片完全变形；病叶较肥大，叶片厚薄不均，质地松脆，呈淡黄色至红褐色（图1-10.2）；后期在病叶表面长出一层灰白色粉状物，即病菌的子囊层。严重时也可以危害新梢，新梢受害呈灰绿色或黄色，比正常的枝条短而粗，其上病叶丛生，受害严重的枝条会枯死。

图1-10.2　桃缩叶病菌侵染桃叶片（张艳军　摄）

【起　　源】不详。

【分　　布】除热带地区外，遍布全球。我国分布在河北、山东、辽宁、四川、湖南、湖北、安徽、江苏、浙江等地。

【入侵时间】不详。

【入侵生境】果园（图1-10.3）。

图1-10.3　桃缩叶病菌危害桃园（张艳军　摄）

【寄　　主】寄主为桃、杏、李等李属植物。

【环境条件】病菌在春季，南方地区发病严重。春季桃树萌芽期气温低，桃缩叶病常严重发生。一般气温在10～16℃时，桃树最易发病，而温度在21℃以上时，发病较轻。

【扩散途径】近距离主要靠雨水、气流和农事操作在田间传播，远距离靠种苗调运。

【危　　害】病害流行年份引起春梢的叶片大量早期枯死，不仅影响当年产量，且常引起二次萌芽展叶，削弱树势，对翌年的产量也有不良影响，严重的甚至引起植株过早衰亡。

【诊　　断】通过现场检查植株症状、实验室检验，利用病原菌在寄主植株上的症状、病原菌的形态学特征、致病性测定等依据，结合PCR技术和荧光原位杂交技术进行鉴定。

【控制措施】农业防治：选择抗病品种；加强土肥水管理，提高树势；加强栽培管理，适当调整桃树定植密度和方式，合理修剪，及时摘除病叶。化学防治：冬季修剪后，将枯枝、落叶、刮除的粗老翘皮全部清理集中带出果园烧毁或深埋，全园喷洒1次3～5波美度的石硫合剂；用石硫合剂+生石灰+水配制而成涂白剂对树体主干和大主枝涂白；早春花露红前再喷1次2～3波美度石硫合剂；春季桃树开始萌芽时，喷施甲基硫菌灵、多菌灵等；发病后可用苯醚甲环唑、春雷霉素、甲基硫菌灵等治疗兼保护性杀菌剂喷雾防治。

11. 棉花黄萎病菌

【学　　名】大丽轮枝菌*Verticillium dahlia*。

【别　　名】黄萎病菌。

【分类地位】隶属真菌界（Fungi）子囊菌门（Ascomycota）粪壳菌纲（Sordariomycetes）小丛壳目（Glomerellales）小不整球壳科

（Plectosphaerellaceae）轮枝孢属（*Verticillium*）。

【形态特征】分生孢子梗直立无色，长110～130 μm，宽25 μm，顶端渐细具分隔，孢子枝上生小枝，排列成轮圈形，一圈有3～4个小枝（图1-11.1）；小枝下粗上细，长13.7～21.4 μm，宽23～27 μm，顶端着生分生孢子；分生孢子长卵圆形，无色无隔，长2.3～9.1 μm，宽1.5～30 μm；菌丝体可密生成无数的拟菌核，近圆形，直径30～50 μm。

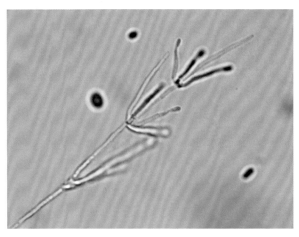

图1-11.1 棉花黄萎病菌孢子梗及孢子形态（张艳军 摄）

【危害症状】一般在3～5片真叶期开始显症，生长中后期棉花现蕾后田间大量发病，7—8月开花结铃期达发病高峰。初在植株下部叶片上的叶缘和叶脉间出现浅黄色斑块，后逐渐扩展，叶色失绿变浅，主脉及其四周仍保持绿色，病叶出现掌状斑驳，叶肉变厚，叶缘向上卷曲，叶片由下而上逐渐脱落，仅剩顶部少数小叶，蕾铃稀少，棉铃提前开裂（图1-11.2）；后期病株基部生出细小新枝。发病严重时，整张叶片枯焦破碎，只留叶脉呈鸡爪状叶痕，后期叶片萎蔫、下垂、脱落成光秆；纵剖病茎，木质部上产生浅褐色断续条纹（图1-11.3）。

图1-11.2　棉花黄萎病菌侵染棉花叶片（张艳军　摄）

图1-11.3　棉花黄萎病菌侵染棉花茎部（张艳军　摄）

【起　　源】1817年在德国蜀葵上首次发现。

【分　　布】境外遍布大多数国家。我国分布在河北、山西、河南、山东、陕西、新疆等棉区。

【入侵时间】1935年由美国引进斯字棉种子入侵我国。

【入侵生境】农田（图1-11.4）。

图1-11.4　棉花黄萎病菌危害棉花田（张艳军　摄）

【寄　　主】寄主范围极广，可危害38科660多种植物，常见大田作物包括向日葵、茄子、辣椒、番茄、烟草、马铃薯、甜瓜、西瓜、黄瓜、花生、菜豆、绿豆、大豆、芝麻、甜菜等。

【环境条件】病菌在10～30℃均可生长，病菌生长的最适温度为20～25℃，33℃绝大多数菌株不生长。微菌核对不良环境的抵抗力较强，能耐80℃高温和-30℃低温；微菌核萌发适温为25～30℃，在察氏培养基上培养18 h后，微菌核的萌发率接近90%；土壤含水量为20%，有利微菌核形成，土壤含水量40%以上则不利其形成。

【扩散途径】种子带菌是病菌远距离传播的主要途径。近距离传播主要与农事操作有关，如耕地、灌水、施用未经腐熟的土杂肥或未经热榨处理的带菌棉籽饼等。

【危　　害】棉花黄萎病是棉花"第一大病害"，轻者叶片失绿变黄，蕾铃脱落严重减产，重者整株成片死亡，绝产绝收。

【诊　　断】通过现场检查植株症状、实验室检验，利用病原菌在寄主植株上的症状、病原菌的形态学特征、致病性测定等依据，结合PCR技术、限制性片段长度多态性（RFLP）和随机扩增多态（RAPD）技术进行鉴定。

【控制措施】农业防治：水旱轮作或改种换茬；秋后清地，冬前深耕；加强田间管理，培育健壮植株，包括开沟浇灌、增施有机肥、勤深中耕、及时清洁发病田。生物防治：目前还未广泛使用，但有潜力应用于种子和种苗根部处理的真菌和细菌生防制剂，如荧光假单胞杆菌。化学防治：实施种子处理或包衣，用浓硫酸脱绒和进行种子包衣；发病初期用药，用多菌灵或甲基硫菌灵灌根，7 d灌1次，连灌2～3次，也可用甲派鎓叶面喷施。

藻　　物

12. 马铃薯晚疫病菌

【学　　名】马铃薯晚疫病菌，即致病疫霉 *Phytophthora infestans*。

【别　　名】马铃薯霜霉菌。

【分类地位】隶属藻物界（Chromista）卵菌门（Oomycota）卵菌纲（Oomycetes）霜霉目（Peronosporales）霜霉科（Peronosporaceae）疫霉属（*Phytophthora*）。

【形态特征】菌丝无色，无隔膜。有性世代产生卵孢子，但很少见。无性世代孢子囊无色（图1-12.1），长22～23 μm，宽16～24 μm，卵圆形，顶部有乳头状突起，基部有明显的脚胞，着生在孢囊梗上；孢囊梗无色，有分枝，孢子梗顶端膨大，形成孢子囊；孢子囊脱落后，顶端还可伸长，再另生长孢子囊；孢子囊在水滴中吸水后，其内容物分割成6～12个游动孢子，从顶端乳头状突起处释放出来。游动孢子肾脏形，在凹入的一侧生2根鞭毛，在水中游动片刻，便失掉鞭毛，形成球形，生出被膜，然后伸出芽管。

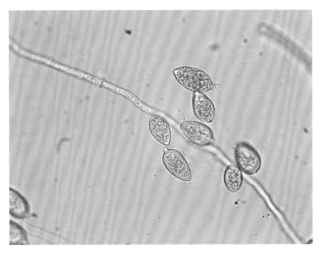

图1-12.1　马铃薯晚疫病菌孢子囊形态（张艳军　摄）

【危害症状】叶片发病，起初造成形状不规则的黄褐色斑点，没有整齐的界线，气候潮湿时，病斑迅速扩大，其边缘呈水渍状，有一圈白色霉状物，在叶的背面，长有茂密的白霉，形成霉轮；在干燥时，病斑停止扩展，病部变褐变脆，病斑边缘也不产生白霉（图1-12.2）。茎部受害，初呈稍凹陷的褐色条斑，气候潮湿时，表面也产生白霉，但不及叶片上的繁茂（图1-12.3）。薯块受害发病初期产生小的褐色或带紫色的病斑,稍凹陷,在皮下呈红褐色,逐渐向周围和内部发展;土壤干燥时病部发硬,呈干腐状;而在黏重多湿的土壤内,常有杂菌从病斑侵入繁殖,造成薯块软腐(图1-12.4)。

图1-12.2　马铃薯晚疫病菌侵染马铃薯叶片(高晶晶　摄)

图1-12.3　马铃薯晚疫病菌侵染马铃薯茎(高晶晶　摄)

图1-12.4　马铃薯晚疫病菌侵染马铃薯块茎（高晶晶　摄）

【起　　源】1843年首先在美国发现。

【分　　布】世界各地马铃薯产区都有发生。我国西南地区发生较为严重，华北、东北与西北地区已有分布。

【入侵时间】20世纪三四十年代随引种入侵我国。

【入侵生境】农田（图1-12.5）。

【寄　　主】自然界中除了马铃薯以外，番茄也是重要的寄主。

【环境条件】早晚雾浓露重或阴雨连绵的天气，利于病害发生。气温在10～25℃、相对湿度在75%以上为病害流行条件。地势低洼、植株过密，偏施氮肥，田间相对湿度过大或植株生长衰弱等，利于此病发生。

【扩散途径】病菌主要是以菌丝体的形式在薯块内越冬，其产生的孢子囊借助气流和雨水进行传播、侵染并蔓延扩大。

图1-12.5 马铃薯晚疫病菌危害马铃薯田（高晶晶 摄）

【危 害】一般流行年份造成马铃薯产量损失10%～30%，严重流行时可达50%以上，甚至绝产。

【控制措施】农业防治：选用抗病品种，不同的马铃薯品种对晚疫病的抗病力有很大差异；减少菌源，选用无病种薯减少初侵染源；合理轮作，3年以上轮作的田块避免与茄科、十字花科作物连作或套种，特别是严禁与番茄连作；加强田间管理，选土质疏松、排水良好的田块栽植，促进植株健壮生长，增强抗病力；开花前后加强田间调查，一旦发现中心病株，立即拔除，并摘除附近植株上的病叶，就地深埋，撒石灰。化学防治：在晚疫病发生初期，要及时喷药防治，药剂可选择甲霜·锰锌、噁霜·锰锌、代森锰锌、烯酰·锰锌等。

线　　虫

13. 腐烂茎线虫

【学　　名】腐烂茎线虫*Ditylenchus destructor*。

【别　　名】马铃薯茎线虫、甘薯茎线虫。

【分类地位】隶属动物界（Animalia）线虫动物门（Nematoda）侧尾腺纲（Secernrntea）垫刃目（Tylenchida）粒线虫科（Anguinidae）茎线虫属（*Ditylenchus*）。

【形态特征】雌虫（图1-13.1），体长0.69 ~ 1.89 mm；体长/最大体宽=18 ~ 49；体长/体前端至食道与肠连接处的距离=4 ~ 12；

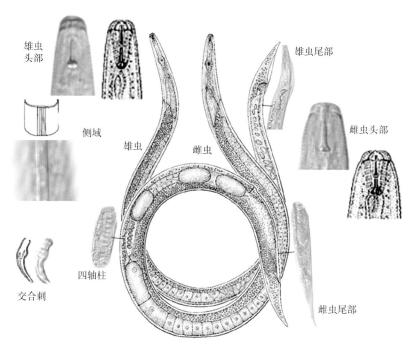

图1-13.1　腐烂茎线虫成虫形态（引自Peter Mullin）

体长/尾长=14～20；尾长/肛门处体宽=3～5；体前端至阴门的距离/体长×100=77～84；口针长=10～13 μm。雄虫，体长0.63～1.35 mm；体长/最大体宽=24～50；体长/体前端至食道与肠连接处的距离=4～11；体长/尾长=11～21；口针长=10～12 μm。雌虫虫体线形，热杀死后虫体略向腹面弯，侧线6条；头部低平、略缢缩，口针有明显的基部球，中食道球纺锤形、有瓣，后食道腺短，覆盖肠的背面（偶尔缢缩）；单卵巢、前伸，有时可伸达食道区，后阴子宫囊长是肛阴距的40%～98%；尾圆锥形，通常腹弯，端圆。雄虫体前部形态和尾形似雌虫，交合伞伸到尾部的50%～90%，交合刺长24～27 μm。

【生 活 史】腐烂茎线虫以卵、幼虫和成虫越冬，其中幼虫占90%以上。

【危害症状】腐烂茎线虫一般危害寄主植物的地下部。马铃薯受害后，薯块表皮下产生小的白色斑点，以后斑点逐渐扩大并变成淡褐色，组织软化以致中心变空，病害严重时，表皮开裂、皱缩，内部组织呈干粉状，颜色变为灰色、暗褐色至黑色（图1-13.2）。危害甘薯，在苗期，苗茎基白色部出现斑驳，后变为黑色，髓部褐色或

图1-13.2 腐烂茎线虫侵染马铃薯块茎（张艳军 摄）

紫红色，地上部矮黄、苗稀；茎蔓受害则髓部变白发糠，后变褐色干腐，表皮破裂，蔓短、叶黄，甚至主蔓枯死。薯块发病表现为糠心或（和）裂皮（图1-13.3）。

图1-13.3　腐烂茎线虫侵染甘薯块茎（张艳军　摄）

【起　　源】1930年在美国新泽西州储藏的甘薯上首次发现。

【分　　布】境外分布已超过50个国家和地区，包括美国、秘鲁、日本、澳大利亚、新西兰和多个欧洲国家。我国分布在北京、河北、内蒙古、辽宁、山东、河南、陕西、吉林、黑龙江、安徽等地。

【入侵时间】1937年我国甘薯相继发生腐烂茎线虫病，山东、河北、河南、北京、天津等地发病较重。

【入侵生境】农田（图1-13.4）、果园、苗圃。

【寄　　主】腐烂茎线虫是多食性线虫，已报道的植物寄主多达90

多种，马铃薯和甘薯是其主要寄主，其他的重要寄主作物有洋葱、大蒜、甜菜、番茄、黄瓜、辣椒、南瓜、西葫芦、大豆、花生、苜蓿、向日葵、烟草、甘蔗、大麦、小麦等。

图1-13.4 腐烂茎线虫危害马铃薯田（张艳军 摄）

【环境条件】土壤温度和湿度对腐烂茎线虫的存活、发育、侵染和繁殖影响最大。腐烂茎线虫发育和繁殖温度为5～34℃，最适温度为20～27℃，在20～24℃下完成生活史需20～26 d，6～8℃需68 d。砂质土壤有利于该线虫的存活，线虫一般集中于距地面10 cm耕作层中的干湿交界处。该线虫存活的最适pH值为6.2。

【扩散途径】腐烂茎线虫主要随着被侵染的植物地下器官，如鳞茎、根茎、块茎等以及黏附在这些器官上的土壤进行传播，在田间还可以通过农事操作和水流传播。

【危　　害】腐烂茎线虫一般发病田块减产20%～50%，重病田块甚至出现绝产。

【检　　测】该病毒为国内检疫对象、进境检疫对象，采用镜检或PCR鉴定检测。

【控制措施】检疫：最大限度地避免从疫区进口繁殖材料，国内调种应严格遵守检疫规定，一旦发现传带该病的种薯、种苗和相关产品，及时进行销毁处理。农业防治：合理调整作物布局；实行轮作；种植抗性或耐性品种；脱毒种苗。化学防治：施用低毒、低残留农药，可选用噻唑膦、阿维菌素等喷雾防治。

第二篇

农业外来入侵害虫物种

华北平原重大农业外来入侵病虫及主要天敌图鉴

鳞 翅 目

1. 草地贪夜蛾

【学　　名】草地贪夜蛾*Spodoptera frugiperda*。

【别　　名】秋黏虫。

【分类地位】隶属动物界（Animalia）节肢动物门（Arthropoda）昆虫纲（Insecta）鳞翅目（Lepidoptera）夜蛾科（Noctuidae）斜纹夜蛾属（*Spodoptera*）。

【形态特征】草地贪夜蛾低龄幼虫（1～2龄）体表具有白色纵条纹，各腹节背面都有4个长有刚毛的黑色或黑褐色斑点，各腹节背面斑点大小一致；从3龄开始，第8、9腹节背面的斑点显著大于其他各节斑点，并表现出特有的排列特征，即第8腹节4个斑点呈正方形排列，第9腹节的4个斑点呈梯形排列，其他各腹节的4个斑点虽然也呈梯形排列，但方向与第9腹节相反，同时也可以观察到头部"V"形纹与前胸盾板中央的条纹一起形成的白色或浅黄色倒"Y"形纹，前胸盾板与头部颜色一致（图2-1.1）；4～6龄幼虫的头部为淡黄色或深棕色，倒"Y"形纹也更明显。草地贪夜蛾的成虫体色多变，从暗灰色、深灰色到淡黄褐色均有，雄蛾体长16～18 mm，前翅长10.5～15 mm；雌蛾个体稍大，体长18～20 mm，前翅长11～18 mm；雄蛾前翅灰棕色，翅面上有呈淡黄色、椭圆形的环形斑，环形斑下角有一个白色楔形纹，翅外缘有一明显的近三角形白斑（图2-1.2）；雌虫前翅多为灰褐色或灰色和棕色的杂色，无明显斑纹；雌蛾和雄蛾的后翅都为银白色，有闪光，边缘有窄褐色带。

图2-1.1　草地贪夜蛾幼虫形态（张艳军　摄）

图2-1.2　草地贪夜蛾成虫形态（张艳军　摄）

【生 活 史】草地贪夜蛾的生活史在夏季可在30 d内完成，春季与秋季需60 d，冬季则需80～90 d。一年中该虫可繁衍的世代数受气候影响，在温暖的纬度繁殖每年可继续产生4～6代，而在较凉爽的气候中繁殖仅产生1～2代。

【危害症状】低龄幼虫（1～3龄）取食玉米叶片形成半透明薄膜"窗孔"，高龄幼虫（4～6龄）取食形成不规则的长形孔洞（图2-1.3），高龄幼虫也会取食玉米雄穗和果穗，幼虫可钻入果穗危害。

图2-1.3 草地贪夜蛾危害玉米植株（张艳军 摄）

【起　　源】原产于南美洲，以及北美洲的南部和中部。

【分　　布】境外分布在北美洲的加拿大、墨西哥、美国、危地马拉、洪都拉斯、萨尔瓦多、尼加拉瓜、哥斯达黎加、巴拿马和加勒比群岛，南美洲的阿根廷、玻利维亚、巴西、智利、哥伦比亚、厄瓜多尔、法属圭亚那、圭亚那、巴拉圭、秘鲁、苏里南、乌拉圭、委内瑞拉，亚洲的印度、斯里兰卡、泰国、也门、缅甸、孟加拉国。我国分布在河北、山东、山西、北京、辽宁、宁夏、陕西、重庆、福建、甘肃、广东、广西、贵州、海南、河南、湖北、湖南、安徽、江苏、江西、海南、上海、四川、云南、浙江、香港等地。

【入侵时间】2019年1月由东南亚侵入我国云南。

【入侵生境】农田、林地、草地（图2-1.4）。

图2-1.4　草地贪夜蛾危害玉米田（张艳军　摄）

【寄　　主】寄主超过76个科350种植物，其中以禾本科、菊科与豆科为主，偏好禾本科的玉米、水稻、高粱和甘蔗。

【环境条件】草地贪夜蛾喜欢凉爽湿润的气候和伴随着越冬地区温暖潮湿的天气。

【扩散途径】成虫可以自行远距离迁飞扩散，也可通过交通工具运输蔬菜或水果夹带幼虫传播。

【危　　害】2018年在非洲造成30多亿美元的经济损失，2019年1月传入我国并迅速蔓延，2020年被我国列入《一类农作物病虫害名录》且高居榜首。玉米苗期受害一般可导致减产10%～25%，严重地块可造成毁种绝收。

【控制措施】按照"长短结合、标本兼治"的原则，以生态控制和农业防治为基础，生物防治和理化诱控为重点，化学防治为底线，实施"分区治理、联防联控、综合治理"策略。农业防治：选用抗性好、质量优的种子；加强田间管理；调整播期。理化诱控：集中连片使用黑光灯诱杀，同时搭配使用性诱剂和食诱剂。生物防治：保护或释放天敌，寄生性天敌有夜蛾黑卵蜂、岛甲腹茧蜂、缘腹绒茧蜂等寄生蜂和一些寄蝇；捕食性天敌有螳螂、猎蝽、花蝽、蜘蛛、蚂蚁、草蛉等；杀虫微生物有苏云金杆菌、球孢白僵菌、核型多角体病毒等。化学防治：在幼虫3龄前进行防治，在清晨和傍晚施药，喷药时要将药喷洒在玉米心叶、雄穗或雌穗等草地贪夜蛾危害的关键部位，杀虫剂单剂有甲氨基阿维菌素苯甲酸盐、茚虫威、四氯虫酰胺、氯虫苯甲酰胺、高效氯氟氰菊酯、氟氯氰菊酯、甲氰菊酯、溴氰菊酯、虱螨脲、虫螨腈，复配制剂有甲氨基阿维菌素苯甲酸盐·茚虫威、甲氨基阿维菌素苯甲酸盐·氟铃脲、甲氨基阿维菌素苯甲酸盐·高效氯氟氰菊酯、甲氨基阿维菌素苯甲酸盐·虫螨腈、甲氨基阿维菌素苯甲酸盐·虱螨脲、甲氨基阿维菌素苯甲酸盐·虫酰肼、氯虫苯甲酰胺·高效氯氟氰菊酯、除虫脲·高效氯氟氰菊酯。

2. 番茄潜叶蛾

【学　　名】番茄潜叶蛾*Tuta absoluta*。

【别　　名】番茄麦蛾、番茄潜麦蛾、南美番茄潜叶蛾。

【分类地位】隶属动物界（Animalia）节肢动物门（Arthropoda）昆虫纲（Insecta）鳞翅目（Lepidoptera）麦蛾科（Gelechiidae）潜叶蛾属（*Tuta*）。

【形态特征】卵呈椭圆形，乳白色至黄褐色，长0.34～0.37 mm，宽0.20～0.23 mm。初孵（1龄）幼虫奶黄色或奶白色，半透明，体长0.4～0.6 mm，前胸背板后缘具一棕褐色锚形斑纹；2龄幼虫淡绿色或淡黄白色；3龄和4龄幼虫绿色或背部淡粉红色，前胸背板淡棕黄色，后缘具有2条棕褐色眉形斑纹（图2-2.1）。蛹长4.5～6.5 mm，起初为浅绿色，后期体色逐渐变深，接近羽化时呈黑褐色。成虫体长6～8 mm，翅背面鳞片呈浅灰色或银灰色，触角丝状，腹部呈纺锤形，雌虫较雄虫明显，腹面具"八"字形黑色斑纹（图2-2.2）。

图2-2.1　番茄潜叶蛾幼虫形态（张艳军　摄）

图2-2.2　番茄潜叶蛾成虫形态（张艳军　摄）

【生　活　史】在原产地南美洲每年可发生10～12代，并且存在世代重叠。在我国岭南地区可终年生长发育，在秦岭—淮河以南地区可自然越冬，并且在我国北方大部分地区可1年发育4～5代。

【危害症状】主要以幼虫进行危害，可在番茄植株的任一发育阶段和任一地上部位进行危害；初孵幼虫潜入番茄叶片内取食叶肉，在叶片上形成细小的潜道，初期不易被发现；3～4龄幼虫危害时，可形成半透明的潜道或潜斑，并留下黑色粪便（图2-2.3）；危害严重时，导致番茄叶片皱缩、干枯，严重影响植株光合作用；幼虫亦可蛀食番茄花蕾和果实，导致花蕾脱落和果实畸形，甚至造成果实腐烂。

图2-2.3　番茄潜叶蛾危害番茄叶片（张艳军　摄）

【起　　　源】1917年在秘鲁首次发现。

【分　　　布】境外分布在南美洲、欧洲、非洲、亚洲等各国。我国分布在内蒙古、河北、北京、山东、宁夏、新疆、云南、广西、贵州、重庆、四川、江西、湖南等地。

【入侵时间】2017年8月入侵新疆伊犁地区。

【入侵生境】塑料大棚（图2-2.4）。

图2-2.4 番茄潜叶蛾危害大棚番茄（张艳军 摄）

【寄　　主】主要危害茄科植物，嗜食番茄，还危害马铃薯、茄子、辣椒、烟草及人参果等；对龙葵、曼陀罗等茄科杂草也有危害；此外还危害水果酸浆、菜豆、皱果苋、田旋花、菠菜、苦苣菜、野油菜、假高粱等植物。

【环境条件】该虫对环境的适应能力极强，既可在严寒地域或严寒季节的保护地建立种群，又可在温暖区域或温暖季节的露地发生与危害，还可在海拔高度为1 000～3 500 m的地区生长和发育。

【扩散途径】远距离传播主要借助农产品的贸易活动，尤其是番茄的跨境跨区域运输，传播载体包括来自疫区或发生区的番茄果实、集装箱、装货箱、包装物、填充物及其运输工具、番茄或茄子的种苗，以及茄科花卉的种苗等；中短距离扩散，主要是通过气流等自然因素。

【危　　害】该虫是对番茄产业具有毁灭性危害的世界性入侵害虫，发生严重时，导致番茄减产80%～100%，被称为番茄上的"埃博拉病毒"。

【控制措施】农业防治：施用腐植酸肥料、降低氮肥施用量以增强番茄防御能力；与非茄科蔬菜轮作。生物防治：释放捕食性天敌烟盲蝽及寄生性天敌（绒茧蜂和短管赤眼蜂）；喷雾使用苏云金杆菌、球孢白僵菌、金龟子绿僵菌。物理防治：蓝色诱捕器+性诱芯诱杀；14目防虫网阻隔；塑料大棚中使用诱虫灯。化学防治：注意药剂的合理轮换使用，在番茄潜叶蛾发生期，可使用阿维菌素、四唑虫酰胺、甲氨基阿维菌素苯甲酸盐、乙基多杀菌素、虫螨腈、阿维菌素·氯虫苯甲酰胺喷雾防治。

3. 马铃薯块茎蛾

【学　　名】马铃薯块茎蛾*Phthorimaea operculella*。

【别　　名】烟草潜叶蛾、马铃薯麦蛾。

【分类地位】隶属动物界（Animalia）节肢动物门（Arthropoda）昆虫纲（Insecta）鳞翅目（Lepidoptera）麦蛾科（Gelechiidae）茄麦蛾属（*Phthorimaea*）。

【形态特征】卵呈直径小于1 mm的球状，初产时半透明，随后颜色由白色或淡黄色加深至浅棕色。幼虫虫体浅棕色，头部呈棕色，老熟幼虫长约9.4 mm，呈粉色或绿色（图2-3.1）。蛹长约8.4 mm，初期淡绿色，发育前期为淡黄色，中期棕黄色。成虫体长9.4 mm，翅展12.7 mm，灰褐色小飞蛾（图2-3.2）；触角丝状，前翅像柳叶，后翅像菜刀，前后两翅上面都覆盖着灰褐色的鳞片，翅边缘须状；雌蛾尾部较尖细，前翅有"X"形纹，雄蛾尾部较钝，在尾尖中部有一丛毛，前翅有2~3个黑斑。

图2-3.1 马铃薯块茎蛾幼虫形态（张艳军 摄）

图2-3.2 马铃薯块茎蛾成虫形态（张艳军 摄）

【生活史】在不同地区完成的世代数也不同。夏季储藏期马铃薯块茎蛾可以发生2~3代；在热带地区1年可以发生6~8代；在澳大利亚1年发生2代；在印度1年发生13代；在伊朗1年发生12代；在我国云南1年发生9~11代，四川1年发生6~9代，贵州1年发生5代，湖南1年发生6~7代，河南、陕西1年发生4~5代。马铃薯块茎蛾无严格的滞育现象，只要有合适的食物、温度条件，就能够完成其发育。在我国南方马铃薯块茎蛾各虫态均能越冬，主要以幼虫在储藏的马铃薯薯块上越冬；在河南、山西等北方发生地，主要以蛹越冬。

【危害症状】在田间，幼虫危害马铃薯和烟草的茎、叶片、嫩尖和叶芽，被害嫩尖、叶芽往往枯死，幼苗受害严重时会枯死；幼虫可潜食于叶片之内蛀食叶肉，仅留上下表皮，呈半透明状（图2-3.3、图2-3.4）。在储藏期，幼虫在马铃薯芽眼附近钻蛀薯块，用排泄物填满隧道，最终造成薯块干瘪或腐烂。

图2-3.3　马铃薯块茎蛾危害马铃薯茎叶（张艳军　摄）

图2-3.4　马铃薯块茎蛾危害烟草叶片（张艳军　摄）

【起　　源】原产于北美洲的南部和南美洲的北部地区。

【分　　布】境外分布在美洲、非洲、大洋洲和亚洲的热带和亚热带国家。我国分布在山西、山东、河南、四川、云南、贵州、广东、广西、湖南、湖北、江西、安徽、甘肃、陕西、台湾等地。

【入侵时间】1937年入侵广西柳州。

【入侵生境】农田（图2-3.5 ~ 图2-3.6）。

图2-3.5　马铃薯块茎蛾危害马铃薯田（张艳军　摄）

图2-3.6　马铃薯块茎蛾危害烟草田（张艳军　摄）

【寄　　主】最嗜寄主为烟草，其次为马铃薯和茄子，也危害番茄、辣椒、曼陀罗、枸杞、龙葵、酸浆、刺茄、颠茄、洋金花等茄科植物。

【环境条件】该虫喜好在干燥的地方产卵，幼虫的存活率随着土壤含水量降低而增加。

【扩散途径】远距离传播主要是通过其寄主植物如马铃薯、种烟、种苗及未经烤制的烟叶等的调运，也可随交通工具、包装物、运载工具等传播；成虫可借风力扩散。

【危　　害】田间危害叶片不造成严重的产量损失，危害薯块显著降低产量。在无低温储存条件时，马铃薯块茎蛾的危害率可达100%。在中东地区，马铃薯块茎蛾在大田和储存过程中对马铃薯的危害率分别是1%和65%；在印度，在大田和储存过程中对马铃薯的危害率分别是1%～12.5%和70%。

【控制措施】检疫：认真执行检疫制度，不从有虫区调进马铃薯。农业防治：选择抗性品种；起垄播种增加深度；清除田边寄主；适时早收，并对薯块进行分类储存。生物防治：可用苏云金杆菌、金龟子绿僵菌等。化学防治：可用高效氯氰菊酯和虱螨脲防控地上部害虫。其他措施：遗传不育防控技术。

半　翅　目

4. 苹果绵蚜

【学　　名】苹果绵蚜*Eriosoma lanigerum*。

【别　　名】赤蚜、血色蚜虫。

【分类地位】隶属动物界（Animalia）节肢动物门（Arthropoda）昆虫纲（Insecta）半翅目（Hemiptera）蚜科（Aphididae）绵蚜属（*Eriosoma*）。

【形态特征】体长1.5～4.9 mm，有时被蜡粉，但缺蜡片；触角6节，少数5节，罕见4节，感觉圈圆形，罕见椭圆形，末节端部常长于基部；眼大，多小眼面，常有突出的3小眼面眼瘤；喙末节短钝至长尖；腹部大于头部与胸部之和；前胸与腹部各节常有缘瘤；腹管通常管状，长常大于宽，基部粗，向端部渐细，中部或端部有时膨大，顶端常有缘突，表面光滑或有瓦纹或端部有网纹，罕见生有或少或多的毛，罕见腹管环状或缺（图2-4.1）。

图2-4.1　苹果绵蚜形态（张艳军　摄）

【生　活　史】苹果绵蚜1年可发生多代，在不同地区发生代数不同，西北地区每年可发生14～20代，以低龄若蚜在树干的伤疤、裂缝以及地表根蘖处进行越冬。

【危害症状】以越冬成蚜和1龄若蚜迁移危害，危害部位主要是枝条和根，枝条受害位置包括背光处的伤口、裂缝、叶腋、果柄及果实的梗洼、萼洼处，受害枝条会出现瘤状突起，且分泌一层白色绵状物（图2-4.2）。

图2-4.2　苹果绵蚜危害苹果枝干（张艳军　摄）

【起　　源】原产于北美洲东部。

【分　　布】境外分布在北美洲、欧洲、亚洲的70多个国家和地区。我国分布在天津、山东、辽宁、甘肃、新疆、西藏、云南等地。

【入侵时间】多点入侵。20世纪初由印度传入我国西藏拉萨；1910年由德国传入我国青岛，1914年由日本传入我国威海；20世纪20年代由日本传入我国辽宁大连；20世纪30年代由美国传入我国云南。

【入侵生境】果园（图2-4.3）。

【寄　　主】除苹果外，也危害海棠、山楂、山荆子等苹果属植物。

【环境条件】较高的气温抑制该虫繁殖，全年有2次暴发高峰期，第1次高峰期一般在5月下旬至7月上旬，第2次在9月中旬至10月中下旬。

【扩散途径】近距离传播途径较多，如若虫可夹藏在绵状物中随风雨传播，或在农事操作时附着在农事工具、衣帽上，或修剪的带虫枝条未经处理，或有翅蚜自身爬行及迁飞，或鸟类等其他生物携带等。远距离传播主要通过苗木、接穗、果实及其包装物、果箱、果筐以及运输工具等的人为传播。

图2-4.3　苹果绵蚜危害苹果园（张艳军　摄）

【危　　害】苹果绵蚜严重影响苹果产业的健康发展，仅山东烟台苹果产区因其造成的年损失量在1万t以上。

【控制措施】检疫：新建苹果园应参照植物检疫管理方式。农业防治：利用抗虫品种；选用无虫苗木；合理施肥，增施有机肥，增施磷肥与钾肥，增强树势；防止人为传播，冬季修剪、夏季田间管理以及施药时，注意不要与发生苹果绵蚜的果园进行混合作业，避免田间作业人员衣服、农具以及施药器械等传带，避免人为传播；清理虫源滋生部位，在苹果落叶后、发芽前，彻底刨除根蘖，春秋生长季节，也需随发现随铲除。生物防治：保护或释放天敌，寄生性天敌苹果绵蚜蚜小蜂（又名日光蜂）；捕食性天敌食蚜蝇、瓢虫、草蛉以及螳螂等。化学防控：苗木消毒处理，栽植前采用吡虫啉浸泡处理苹果苗木；伤口抹药，初春果树萌芽前，结合铲根除蘖与刮除伤疤等农业与物理措施，用吡虫啉涂抹树干根蘖基部、剪锯口及病虫伤疤等绵蚜群集越冬处，再用超微物理液态膜进行密封治疗；根部灌药，果树萌芽后，将树干周围1 m内的土壤扒开，露出根部，每株灌注吡虫啉，药液干后覆土；树体喷雾，果树萌芽后至开花前、落花后7～10 d和秋梢期3个时段，在苹果绵蚜发生高峰前施药3～4次，药剂可用吡虫啉、阿维菌素、啶虫脒等。

5. 烟粉虱

【学　　名】烟粉虱*Bemisia tabaci*。

【别　　名】小白蛾、银叶粉虱、烟草粉虱。

【分类地位】隶属动物界（Animalia）节肢动物门（Arthropoda）昆虫纲（Insecta）半翅目（Hemiptera）粉虱科（Aleyrodidae）小粉虱属（*Bemisia*）。

【形态特征】卵有光泽，呈长梨形，有小柄；卵初产时为淡黄绿色，孵化前颜色慢慢加深至深褐色。若虫为淡绿色至黄色，1龄若虫有足和触角，能活动；2龄、3龄若虫足和触角退化至只有1节，固定在植株上取食；3龄若虫蜕皮后形成伪蛹，蜕下的皮硬化成蛹壳。伪蛹的蛹壳呈淡黄色，长0.6～0.9 mm，边缘薄或自然下垂，无周缘蜡丝，背面有17对粗壮的刚毛或无毛，有2根尾刚毛。成虫体淡黄白色，翅2对，白色，被蜡粉无斑点，体长0.85～0.91 mm，比温室白粉虱小，前翅脉1条不分叉，静止时左右翅合拢呈屋脊状，脊背有1条明显的缝（图2-5.1）。

【生　活　史】在热带和亚热带地区1年可以发生11～15代，且世代重叠。在不同寄主植物上的发育时间各不相同。

图2-5.1 烟粉虱形态（张艳军 摄）

【危害症状】以成虫、若虫刺吸危害植株，初期叶片出现白色小点，沿叶脉变为银白色，后发展至全叶呈银白色，如镀锌状膜，光合作用受阻，严重时植株除心叶外的多数叶片布满银白色膜，导致植株生长缓慢，叶片变薄，叶脉、叶柄变白发亮，呈半透明状（图2-5.2、图2-5.3）。幼瓜、幼果受害后变硬，严重时脱落，植株萎缩。

图2-5.2 烟粉虱危害番茄及传播病毒病（张艳军 摄）

更重要的是该虫可携带传播多种植物病毒。此外，该虫还分泌蜜露，引发煤污病，发生严重时，叶片呈黑色，严重影响植株光合作用和花卉观赏效果。

图2-5.3　烟粉虱危害棉花茎叶（张艳军　摄）

【起　　源】1889年在希腊的烟草上首次发现。

【分　　布】境外分布在南美洲、欧洲、非洲、亚洲、大洋洲的很多国家和地区。我国分布在河北、天津、山东、北京、山西、广东、广西、海南、福建、云南、上海、浙江、江西、湖北、四川、陕西、台湾、新疆、安徽、贵州等地。

【入侵时间】1949年入侵我国台湾，生物型为A型；1997年入侵我国广东东莞，生物型为B型；2003入侵我国云南，生物型为Q型。

【入侵生境】保护地（图2-5.4）、农田（图2-5.5）。

【寄　　主】寄主十分广泛，危害茄科的番茄、茄子、黄瓜、西葫芦等蔬菜，也可危害棉花，以及果树、花卉等，还可寄生于多种杂草上。

【环境条件】烟粉虱以26~28℃为最佳发育温度。

图2-5.4 烟粉虱在塑料大棚危害（张艳军 摄）

图2-5.5 烟粉虱在露地危害（张艳军 摄）

【扩散途径】成虫可随气流远距离传播，各虫态都能随寄主植物的繁殖材料和切花传播。

【危　　害】烟粉虱食性杂，寄主广泛，危害严重时可造成绝收。在北京，据调查，烟粉虱对黄瓜、番茄、茄子、甜瓜和西葫芦的危害损失，严重时可达70%以上。

【控制措施】农业防治：选用无虫苗；培育壮苗；塑料大棚内避免黄瓜、番茄、西葫芦混栽。物理防治；在塑料大棚中设置黄板，利用烟粉虱对黄色的强烈趋性而诱杀。生物防治：保护或释放天敌，寄生性天敌恩蚜小蜂属、浆角蚜小蜂属；捕食性天敌瓢虫、草蛉和花蝽等；虫生真菌拟青霉等。化学防治：该虫具有多食性，并对许多农药产生抗性，使其难以防治；初发时可用吡虫啉、呋虫胺、噻嗪酮、甲氨基阿维菌素苯甲酸盐每3～5 d喷1次，连续防治2～3次；在虫口密度高时，可交替使用噻虫嗪、联苯菊酯隔5～7 d防1次，连续防治2～3次。

6. 扶桑绵粉蚧

【学　　名】扶桑绵粉蚧*Phenacoccus solenopsis*。

【分类地位】隶属动物界（Animalia）节肢动物门（Arthropoda）昆虫纲（Insecta）半翅目（Hemiptera）粉蚧科（Pseudococcidae）绵粉蚧属（*Phenacoccus*）。

【形态特征】卵长椭圆形，黄色至橙黄色，半透明无光泽，长约0.33 mm，宽约0.17 mm。1龄若虫体长约0.43 mm、宽约0.19 mm，初孵时体表平滑，黄绿色，随后体表逐渐覆盖一层薄蜡粉呈乳白色；2龄若虫体长约0.80 mm、宽约0.38 mm，椭圆形，体缘出现明显齿状突起，尾瓣突出，体表被蜡粉覆盖，体背有黑色条状斑纹，雄虫体表蜡粉层比雌虫厚，看不到体背黑斑，分泌棉絮状蜡丝包裹自身；3龄若虫体长约1.32 mm、宽约0.63 mm，仅限于雌虫，在前胸、中胸背面亚中区和腹部1~4节背面亚中区均清晰可见2条黑斑，体缘现粗短蜡突（图2-6.1）。雌成虫呈卵圆形，体长约2.77 mm、宽约1.30 mm，浅绿色，背面的黑色斑纹在蜡质层的覆盖下成对，腹部可见3对，胸部可见1对；体缘有放射状蜡突，其中腹部末端2~3对较长。雄成虫红褐色，体长约1.24 mm、宽约0.30 mm。触角丝状10节，每节上均有数根短毛；腹部末端具有2对白色长蜡丝，交配器突出呈锥状；有1对发达透明前翅，附着一层薄薄的白色蜡粉，后翅退化为平衡棒，顶端有1根钩状毛；足细长、发达。

图2-6.1　扶桑绵粉蚧形态（张艳军　摄）

【生活史】每年可繁殖10~15代。棉花植株是最佳寄主，棉花的整个生长期都有粉蚧危害，且世代重叠，各虫态并存，棉花收获离田后，粉蚧转移到田间其他寄主上活动。以低龄若虫或卵在土中、作物根、茎秆、树皮缝隙中、杂草上越冬。

【危害症状】以幼虫和成虫刺吸植株的叶、嫩茎、苞片和铃的汁液，致使叶片萎蔫和嫩茎干枯，植株生长矮小，铃过早脱落，严重时叶完全脱落；被粉蚧侵害部位如顶尖、茎及枝条上堆积白色蜡质物质（图2-6.2）；危害部位因粉蚧排泄的蜜露，引诱蚂蚁的剧烈活动，滋生黑色霉菌，影响光合作用，生长受抑制。

图2-6.2　扶桑绵粉蚧危害扶桑茎叶（张艳军　摄）

【起　　源】1898年在美国新墨西哥州杂草根部的火蚁巢中首次发现。

【分　　布】境外分布在北美洲墨西哥、美国、古巴、牙买加、危地马拉、多米尼加、巴拿马，南美洲厄瓜多尔、巴西、智利、阿根廷，大洋洲新喀里多尼亚（法），非洲的尼日利亚、贝宁、喀麦隆，亚洲的巴基斯坦、印度、泰国。我国分布在台湾、广东、广西、福建、浙江、江西、湖南、四川、海南、云南等地。

【入侵时间】2008年8月入侵广东广州。

【入侵生境】花卉种植区（图2-6.3）、农田、菜园。

图2-6.3　扶桑绵粉蚧危害花卉圃（张艳军　摄）

【寄　　主】寄主植物很多，已知的有57科149属207种，其中以锦葵科、茄科、菊科、豆科为主，具体为锦葵科中的棉花、木槿、苘麻；茄科中的番茄、茄子、辣椒、枸杞、龙葵；菊科中的苍耳、飞蓬、苦荬菜、鳢肠、向日葵；葫芦科中的西瓜、南瓜、冬瓜、丝瓜、苦瓜；旋花科中的蕹菜、甘薯、牵牛；胡麻科中的芝麻；禾本科中的玉米、牛筋草、狗牙根；大戟科中的蓖麻、铁苋菜；马齿苋科中的马齿苋。

【环境条件】高温低湿有利于扶桑绵粉蚧的迅速繁殖，增加危害程度。

【扩散途径】该虫通过气流进行短距离扩散，也可借助水、床土、人类、家畜和野生动物扩散。

【危　　害】被粉蚧危害后，棉花减产40%以上，部分田块可能绝收；还可危害多种观赏植物和蔬菜，造成严重损失。

【控制措施】检疫：在口岸检疫时，仔细检查植物的枝、茎、叶、花和果实。农业防治：及时铲除农田内外杂草；整地时消灭蚂蚁群。生物防治：保护或释放天敌，寄生性天敌班氏跳小蜂、寄生蝇；捕食性天敌异色瓢虫、红点唇瓢虫、中华通草蛉、捕食螨；虫生真菌球孢白僵菌。化学防治：可选用高效氯氰菊酯、啶虫脒、氟啶虫胺腈、噻虫嗪、甲萘威、丙溴磷、吡虫啉等喷雾防治。

7. 枣球蜡蚧

【学　　名】枣球蜡蚧*Eulecanium giganteum*。

【别　　名】枣大球蚧、梨大球蚧、大球蚧、大玉坚蚧、瘤大球坚蚧。

【分类地位】隶属动物界（Animalia）节肢动物门（Arthropoda）昆虫纲（Insecta）半翅目（Hemiptera）蜡蚧科（Coccidae）球蜡蚧属（*Eulecanium*）。

【形态特征】卵长椭圆形，初产时浅黄褐色至浅粉色，孵化前为紫色，被白色蜡粉。1龄若虫前期长椭圆形，体长1 mm，宽0.5 mm，黄褐色，体被很薄的白色蚧壳；背中线具有环状隆起的纵条斑1块，2对蜡片分别覆盖3对胸足，2根白色蜡丝部分露出蚧壳。2龄若虫前期长椭圆形，体长1.0 mm，宽0.5 mm，淡黄色，蚧壳边缘有长方形白色蜡片14对，首对常为1块；背部有前、后2个环状壳点，2根白色蜡丝部分露出蚧壳；中期长椭圆形，体长1.3 mm，宽0.6 mm，淡黄色，背部有前、中、后3个环状壳点，可见2根白色蜡丝残迹；后期长椭圆形，体长1.3 mm，宽0.7 mm，淡黄色；

蚧壳边缘具刺毛，尚见残缺的白色蜡片；背部仍有前、中、后3个环状壳点。3龄雌若虫虫体背腹面管状腺数量增多，在亚缘区呈带状排列，在背中和缘区散布。雌成虫老熟时体长8~18.8 mm，高14 mm，半球形、红褐色；体背具整齐的黑灰色斑纹（图2-7.1）。雄成虫头部黑色，前胸及腹部黄褐色，中后胸红棕色；触角10节，前翅呈菜刀状。

图2-7.1　枣球蜡蚧雌成虫形态（张艳军　摄）

【生活史】1年发生1代，以2龄若虫固定在1~2年生枝条上越冬，翌年春季4月越冬若虫开始活动，4月中下旬危害最严重，4月底至5月初羽化，5月上旬出现卵，5月底至6月初若虫大量发生，若虫6—9月在叶面刺吸危害，9月中旬至10月中旬转移回枝条，在枝条上重新固定，进入越冬期。

【危害症状】主要以若虫和雌成虫危害寄主的嫩枝和叶片，轻者造成寄主叶黄、枯枝枯梢，导致果品减产绝收，重者可导致寄主整株死亡（图2-7.2）。雌虫排泄油状透明液，如下雨状，污染叶片和枝干，使叶片黏附尘埃，阻碍植物的光合作用。受害严重的苗木、接穗或枝条上带有陈旧蚧壳。侵染当年的带虫枣苗，其枣头、枣股及嫩枝处，带有灰白色微小越冬若虫。

图2-7.2　枣球蜡蚧危害枣树枝叶（张艳军　摄）

【起　　源】不详。

【分　　布】境外分布在日本、俄罗斯等国。我国分布在北京、天津、河北、山西、内蒙古、辽宁、江苏、安徽、山东、河南、四川、云南、陕西、甘肃、宁夏、青海、新疆等地。

【入侵时间】不详。

【入侵生境】果园（图2-7.3）、林地。

【寄　　主】寄主广泛，有枣属、胡桃属、苹果属、梨属、李属、栗属、榆属、杨属、柳属、蔷薇属、槭属、槐属等植物，主要危害枣、酸枣、槐、桃、刺槐、胡桃、杏、苹果、榆、三球悬铃木等。

【环境条件】降水量小，昼夜温差大，空气湿度小，利于枣球蜡蚧的繁殖；冬季较暖，夏季少雨，减少若虫的死亡率；风力大有助于扩散与蔓延。

【扩散途径】该虫通过调运苗木、接穗和砧木长距离传播扩散，也可通过气流、林间放牧、蜜粉、修剪等传播。

【危　　害】据调查，被害枣树一般减产50%以上，被害严重的枣树已开始死亡。1992年新疆和田地区，因该虫危害，造成枣总产量下降74%，喀什地区的欧洲李减产40%，枣减产75%。

图2-7.3　枣球蜡蚧危害枣园（张艳军　摄）

【控制措施】检疫：加强调运检疫，严防人为传带、扩散。农业防治：引进或扩种新园时严格引用灭虫苗木或接穗；在翌年春季雌虫产卵后至卵孵化前，剪去带虫枝条或用硬毛刷、竹片刷掉枝条上的越冬虫；冬季修剪，剪除带虫的枝条集中烧毁；合理水肥调控，增强树体的树势加强枣树肥水管理，提高树体抗虫能力。生物防治：保护或释放天敌，寄生性天敌有球蚧蓝绿跳小蜂，捕食性天敌有黑缘红瓢虫和红点唇瓢虫。化学防治：在早春结合枣树刮除老粗皮，于3月下旬至4月上旬，给树体均匀喷洒3～5波美度石硫合剂消灭越冬若虫；若虫孵化期（5月下旬至6月上中旬）是防治的关键时期，可选用啶虫脒、高效氯氰菊酯等杀虫剂喷雾防治。

双　翅　目

8. 美洲斑潜蝇

【学　　名】美洲斑潜蝇*Liriomyza sativae*。

【别　　名】蔬菜斑潜蝇、蛇形斑潜蝇、甘蓝斑潜蝇等。

【分类地位】隶属动物界（Animalia）节肢动物门（Arthropoda）昆虫纲（Insecta）双翅目（Diptera）潜蝇科（Agromyzidae）斑潜蝇属（*Liriomyza*）。

【形态特征】卵米色，半透明，长0.2～0.3 mm，宽0.1～0.15 mm。幼虫蛆状，初无色，后变为浅橙黄色至橙黄色，长3 mm。蛹椭圆形，橙黄色，腹面稍扁平，长1.7～2.3 mm，宽0.5～0.75 mm。成虫体小，体长1.3～2.3 mm，浅灰黑色，胸背板亮黑色，体腹面黄色，雌虫体比雄虫大（图2-8.1）。

【生　活　史】1年可发生14～17代，世代周期随温度变化而变化，15℃时约54 d，20℃时约16 d，30℃时约12 d。

【危害症状】以幼虫取食叶片正面叶肉，形成先细后宽的蛇形弯曲或蛇形盘绕虫道，其内有交替排列整齐的黑色虫粪，老虫道后期呈棕色的干斑块区，一般1虫1道，1头老熟幼虫1 d可潜食3 cm左右（图2-8.2）。成虫在叶片正面取食和产卵，刺伤叶片细胞，形成针尖大小的近圆形刺伤"孔"，造成危害；"孔"初期呈浅绿色，后变白，肉眼可见。幼虫和成虫的危害可导致幼苗全株死亡，造成缺苗断垄；成株受害，可加速叶片脱落，引起果实日灼，造成减产。幼虫和成虫通过取食还可传播病害，特别是传播某些病毒病。

图2-8.1　美洲斑潜蝇成虫形态（张艳军　摄）

图2-8.2　美洲斑潜蝇危害南瓜叶片（张艳军　摄）

【起　　源】原产于南美洲和北美洲热带地区。

【分　　布】境外分布在北美洲、加勒比群岛、南美洲、大洋洲、非洲、亚洲的许多国家和地区。我国除青海、西藏和黑龙江以外均有不同程度的分布。

【入侵时间】1993年入侵海南三亚。

【入侵生境】保护地（图2-8.3）、花卉圃。

图2-8.3　美洲斑潜蝇危害大棚南瓜（张艳军　摄）

【寄　　主】寄主涉及100多种植物，葫芦科、豆科是主要寄生作物。

【环境条件】具较强的适应性和寄主谱扩张能力。自然情况下空气相对湿度60%～80%对该虫发生繁殖十分有利。

【扩散途径】主要随寄主植物的叶片、茎蔓的调运远距离传播，切花也可传带该虫扩散。

【危　　害】对菜豆、黄瓜、番茄、甜菜、辣椒、芹菜等蔬菜作物造成较大危害，一般减产25%左右，严重的可减产80%，甚至绝收。

【控制措施】农业防治：合理安排茬口；适时灌水和深耕；堆沤有虫枝叶。物理防治：夏季换茬时高温闷棚，使棚内温度达50℃以上，持续2周左右；冬季低温处理，让地面裸露1~2周；黄板诱杀，利用橙黄色的黄板涂上粘虫胶或机油。生物防治：保护或释放天敌，寄生性天敌有芙新姬小蜂、反颚茧蜂、潜蝇茧蜂；杀虫细菌有苏云金杆菌、短稳杆菌。化学防治：在幼虫2龄前（虫道很小时），可选用灭蝇胺、杀螟丹、杀虫双喷雾防治，药剂不同单剂交替使用，避免使害虫抗药性增加。

9. 南美斑潜蝇

【学　　名】南美斑潜蝇*Liriomyza huidobrensis*。

【别　　名】拉美豌豆斑潜蝇、拉美甜菜斑潜蝇、黑腿斑潜蝇。

【分类地位】隶属动物界（Animalia）节肢动物门（Arthropoda）昆虫纲（Insecta）双翅目（Diptera）潜蝇科（Agromyzidae）斑潜蝇属（*Liriomyza*）。

【形态特征】卵椭圆形，乳白色，微透明，长0.27~0.32 mm，宽0.14~0.17 mm。幼虫初孵半透明，随虫体长大渐变为乳白色，有些个体带有少许黄色；老熟幼虫体长2.3~3.2 mm，后气门突具6~9个气孔。蛹淡褐色至黑褐色，腹面略扁平；长1.3~2.5 mm，宽0.5~0.75 mm。成虫体长1.3~1.8 mm，翅长1.7~2.25 mm，额橙黄色，上眶鬃2对，下眶鬃2对，内、外顶鬃均着生于暗色处；中胸背板黑色有光泽，小盾片黄色，胸部中侧片下方1/2至大部分为黑色，背中鬃3+1，中鬃散生呈不规则4行；足基节黄色具黑纹，腿节具黑色条纹至几乎全黑色，胫节、跗节黑褐色。前翅中室较大，M_{3+4}末段长为次末段的1.5～2.5倍（图2-9.1）。

图2-9.1　南美斑潜蝇成虫形态（高晶晶　摄）

【生　活　史】1年可发生13～16代，在低纬度和温度较高的地区，全年都能繁殖，无明显越冬现象，完成1代需要大约21 d。

【危害症状】成虫通过产卵器将卵产在寄主叶片中，孵化后的幼虫在叶片上下表皮之间潜食叶肉、栅栏组织及海绵组织，食叶具明显的透明取食斑。幼虫还危害嫩茎、叶柄，取食叶片的中肋、叶脉等，常沿叶脉形成潜道，使植株生长缓慢，重者茎尖枯死；虫龄较大后，叶片背面会出现明显潜道，虫量大时，甚至钻蛀到一些作物和蔬菜（如油菜、蚕豆、芹菜）的叶柄和茎秆中取食，造成幼苗枯死（图2-9.2）；老熟幼虫多从叶背面钻出，落地化蛹，进一步繁殖危害。

图2-9.2　南美斑潜蝇危害油菜叶片（高晶晶　摄）

【起　　源】原产于阿根廷、巴西、秘鲁等南美洲国家。

【分　　布】境外分布在北美洲美国、哥斯达黎加，南美洲阿根廷、巴西、哥伦比亚、秘鲁、委内瑞拉，欧洲荷兰、丹麦、爱尔兰、意大利、比利时、英国、德国、大洋洲澳大利亚等。我国分布在北京、天津、河北、山西、内蒙古、山东、河南、云南、贵州、四川、湖北、重庆、福建、广东、陕西、青海、甘肃、宁夏、新疆、辽宁、吉林等地。

【入侵时间】1993年入侵云南。

【入侵生境】菜地（图2-9.3）、花卉圃。

【寄　　主】寄主广泛，可以取食葫芦科、豆科、茄科、伞形花科、菊科、百合科等40多个科的植物。主要寄主有蔬菜类的芹菜、冬瓜、黄瓜、丝瓜、茄子、菜豆、豇豆、豌豆、生菜、莴苣、菠菜、油菜、洋葱、白菜、西葫芦、番茄、蕹菜等，花卉类的满天星、菊花、香石竹、鸡冠花等，作物类的蚕豆、牛皮菜、马铃薯、烤烟、小麦、大麦、玉米等。

【环境条件】该虫对低温具有较强的耐性。

图2-9.3 南美斑潜蝇在露地危害（高晶晶 摄）

【扩散途径】卵和幼虫随寄主植物切条、切花、叶菜、带叶的瓜果、豆菜，以及作物为瓜果铺垫填充包装物的叶片或蛹随盆栽植株、土壤、交通工具等作远距离传播。

【危 害】一旦发生危害，苗期受害严重，无法生产，甚至造成毁苗重播，受害的叶子枯黄脱落，严重影响蔬菜、花卉及经济作物烟草等的生产，甚至造成毁产。

【控制措施】检疫：严格检疫调运苗木，防止向其他地区蔓延。农业防治：合理间作；及时清理田间或大棚内的落叶；深翻耕灌水灭虫。物理防治：在塑料大棚中黄板诱杀成虫；人工摘除带虫叶片销毁；保护地冷冻或闷棚灭虫。生物防治：保护或释放天敌，寄生性天敌有潜蝇姬小蜂、潜蝇茧蜂；植物源有印楝素、藜芦碱。化学防治：在幼虫2龄前，可选用杀螟丹、杀虫双、杀虫单、阿维菌素、甲氨基阿维菌素苯甲酸盐、灭幼脲、杀铃脲喷雾防治，药剂不同单剂交替使用，避免使害虫抗药性增加。

鞘 翅 目

10. 稻水象甲

【学　　名】稻水象甲*Lissorhoptrus oryzophilus*。

【别　　名】稻水象、稻根象。

【分类地位】隶属动物界（Animalia）节肢动物门（Arthropoda）昆虫纲（Insecta）鞘翅目（Coleoptera）短角象科（Brachyceridae）稻水象属（*Lissorhoptrus*）。

【形态特征】卵圆柱形，长约0.8 mm，两端圆略弯，珍珠白色。幼虫体白色，头黄褐色；老熟幼虫体呈新月形，体长约10 mm，白色，无足，头部褐色，腹部2～7节背面有成对向前伸的钩状呼吸管，气门位于管中。蛹在似绿豆形的土茧内，大小形状近似成虫，长约3 mm，白色。成虫长2.6～3.8 mm，喙与前胸背板几等长，稍弯，扁圆筒形；前胸背板宽；鞘翅侧缘平行，比前胸背板宽，肩斜，鞘翅端半部行间上有瘤突（图2-10.1）；雌虫后足胫节有前锐突和锐突，锐突长而尖；雄虫仅具短粗的两叉形锐突。

图2-10.1　稻水象甲成虫形态（李文红　摄）

【生 活 史】1年发生1~2代，成虫在地面枯草上越冬，3月下旬交配产卵，卵多产于浸水的叶鞘内，初孵幼虫仅在叶鞘内取食，后进入根部取食，羽化成虫从附着在根部上面的蛹室爬出，取食稻叶或杂草的叶片。

【危害症状】成虫取食叶肉，留下表皮，形成白色条斑，严重危害呈条状或丝状破裂（图2-10.2）。幼虫具有寡食性，水稻根系是幼虫最主要的寄主，幼虫很少取食地上部分，2龄以上幼虫咬断须根，或钻入根中危害，被害稻丛根系变少变短，呈黄褐色；幼虫较多时，几乎无白色根，稻丛根易拔起；受幼虫危害的水稻，地上部分生长缓慢，植株矮小，分蘖减少，穗数、粒数减少，产量降低。

图2-10.2　稻水象甲危害稻叶片（李文红　摄）

【起　　源】原产于美国密西西比河流域，是美洲大陆特有种。

【分　　布】境外分布在朝鲜半岛、日本、加拿大、美国、墨西哥、古巴、多米尼加、哥伦比亚、圭亚那等国。我国分布在北京、内蒙古、山西、山东、辽宁、吉林、黑龙江、陕西、宁夏等地。

【入侵时间】1988年入侵河北唐山。

【入侵生境】农田（图2-10.3）。

【寄　主】寄主范围很广，有10科64种植物，包括水生、旱生植物，为杂食性害虫，但主要以禾本科、莎草科植物为主，最喜水稻、玉米及高粱。

【环境条件】半水生昆虫，需要在有水层的条件下才能正常完成发育。

图2-10.3　稻水象甲危害稻田（李文红　摄）

【扩散途径】可随干稻草、稻谷、秧苗、牧草、腐殖土、包装材料和填充物，以及运输工具等作远距离传播，成虫飞翔或借助风力、水流等途径也能传播。

【危　害】成虫啃食稻叶，幼虫蛀食稻根，常造成水稻减产15%～20%，严重的减产50%以上。

【控制措施】检疫：禁止从疫区调运秧苗、稻草、稻谷和其他寄主植物及其制品，防止用寄主植物做填充材料。农业防治：清除杂草和秋耕灭茬大降低田间越冬成虫；合理施肥、通风炼苗、水分管理，培育壮秧；烤晒田和湿润2个阶段控水；肥量基施为主，辅以少量追施，平衡氮、磷、钾。生物防治：保护鸟类、蛙类及蜘蛛、步甲等捕食天敌；施用病原微生物球孢白僵菌、金龟子、绿僵菌等。化学防治：防治成虫、控制幼虫为主，越冬成虫侵入本田高峰期，即本田插秧后5~10 d为最佳防治时期，可选用三唑磷、醚菊酯、氯虫苯甲酰胺喷雾防治，田间保持3 cm左右水层防治效果更好。

缨　翅　目

11. 西花蓟马

【学　　名】西花蓟马*Frankliniella occidentalis*。

【别　　名】苜蓿蓟马。

【分类地位】隶属动物界（Animalia）节肢动物门（Arthropoda）昆虫纲（Insecta）缨翅目（Thysanoptera）蓟马科（Thripidae）花蓟马属（*Frankliniella*）。

【形态特征】卵白色，不透明，肾形，表面光滑柔软，幼虫将孵化时颜色变暗，体积增大到原来的15倍。1龄若虫透明；2龄若虫金黄色；前假蛹白色，身体变短，出现翅芽，触角竖起，后假白色，很少活动，出现成虫的刚毛列，翅鞘较长，触角位于背面，眼浅红。成虫体狭小，雄虫体长0.9~1.1 mm，雌成虫略大，长1.3~1.4 mm，体色从淡黄白到棕褐色，腹节黄色，通常有灰色边缘；头、胸两侧常有灰斑；头部触角8节，第1节淡色，其余为褐色；具3单眼，单眼三角区内1对刚毛与复眼后方1对刚毛等长；前胸前缘角1对刚毛与1对前缘刚毛等长，后缘具2对刚毛也与1对后缘角刚毛等长；后胸背板中央网纹简单，前缘2对刚毛着生位置几乎平行且等高；中央1对刚毛下方后缘处具1对感觉孔；翅上有2列刚毛；腹部各节背板中央有"T"形褐色条斑；第8节背板两侧的气孔外方具2弯状微毛梳，后缘具稀疏但完整的梳状毛（图2-11.1）。

【生 活 史】在塑料大棚内的稳定温度下，1年可连续发生12～15代，雌虫行两性生殖和孤雌生殖。在15～35℃均能发育，从卵到成虫只需14 d。

图2-11.1 西花蓟马成虫形态（张艳军 摄）

【危害症状】该虫以锉吸式口器取食植物的茎、叶、花、果，导致花瓣褪色、叶片皱缩（图2-11.2、图2-11.3），茎和果则形成伤疤，最终可能使植株枯萎，同时还传播番茄斑萎病毒在内的多种病毒。

图2-11.2　西花蓟马危害辣椒叶片（张艳军　摄）

图2-11.3　西花蓟马危害辣椒花朵（张艳军　摄）

【起　　源】原产于北美洲的美国西部落基山脉。

【分　　布】境外分布在北美洲的加拿大、美国、墨西哥、哥斯达黎加，南美洲哥伦比亚，欧洲的比利时、丹麦、芬兰、法国、德国、匈牙利、爱尔兰、意大利、荷兰、挪威、波兰、葡萄牙、西班牙、瑞典、瑞士、英国、塞浦路斯，亚洲的日本、朝鲜、以色列，非洲的肯尼亚、南非，大洋洲的新西兰等。我国分布在北京、山东、云南、贵州、浙江，湖南等地。

【入侵时间】2000年5月入侵台湾，2003年6月入侵北京。

【入侵生境】菜地（图2-11.4）、花卉圃、果园。

【寄　　主】食性杂，已知寄主植物多达500余种，主要有李、桃、苹果、葡萄、草莓、茄、辣椒、生菜、番茄、兰花、菊花等。随着西花蓟马的不断扩散蔓延，其寄主种类一直在持续增加。

【环境条件】适宜发育温度为15～30℃，高温40～45℃处理2 h对西花蓟马各虫态均有较强的致死作用；适宜相对湿度是60%，高于88%对幼虫发育不利，降雨会降低种群数量。

图2-11.4　西花蓟马危害大棚辣椒（张艳军　摄）

【扩散途径】种苗、花卉及其他农产品的调运，尤其是切花运输及人工携带是其远距离传播的主要方式，该害虫易随风飘散，易随衣服、运输工具等携带近距离传播。

【危　　害】该虫常年对作物造成的损失为30%～50%，而严重年份可导致作物绝产绝收。据报道美国夏威夷曾因该虫危害导致番茄减产50%～90%，在英国温室造成黄瓜产量损失90%，在加拿大造成大面积的桃毁种或改种。

【控制措施】检疫：普查和专业检验结合，禁止从疫区调运蔬菜、花卉、苗木，保护广大非疫区。农业防治：合理间作；清除大棚、田间杂草、残留植株、落叶等，集中烧毁或深埋；深翻和勤浇水，杀灭成虫、若虫。物理防治：悬挂蓝色粘板或用茴香醛、烟碱乙酸酯和苯甲醛混合后制成粘板，诱杀成虫减少产卵与危害；采用近紫外线不能穿透的特殊塑料膜做棚膜抑制害虫增殖与危害；夏季休耕期进行高温闷棚；采用烟碱乙酸酯和苯甲醛混合制成的诱芯诱杀成虫；在塑料大棚周围设置防虫网。生态调控：大棚中种植马鞭草属植物，诱集西花蓟马，保护作物。生物防治：在害虫发生初期，释放小花蝽、捕食螨、寄生蜂等天敌；施用金龟子绿僵菌、球孢白僵菌等杀虫微生物；施用生物源杀虫剂、印楝素、阿维菌素、乙基多杀菌素等。化学防治：用烟草、石灰水喷雾；用辣椒水喷雾；用辛硫磷、灭幼脲、吡丙醚、氟虫脲等喷雾防治。

蜱　蟎　目

12. 二斑叶蟎

【学　　名】二斑叶蟎 *Tetranychus urticae*。

【别　　名】二点叶螨、白蜘蛛。

【分类地位】隶属动物界（Animalia）节肢动物门（Arthropoda）蛛形纲（Arachnida）绒螨目（Trombidiformes）叶螨科（Tetranychidae）叶螨属（*Tetranychus*）。

【形态特征】卵球形，长0.13 mm，光滑，初产为乳白色，渐变橙黄色，将孵化时现出红色眼点。幼螨初孵时近圆形，体长0.15 mm，白色，取食后变暗绿色，眼红色，足3对。前若螨体长0.21 mm，近卵圆形，足4对，色变深，体背出现色斑；后若螨体长0.36 mm，与成螨相似。雌成螨体长0.42～0.59 mm，椭圆形，体背有刚毛26根，排成6横排；生长季节为白色、黄白色，体背两侧各具1块黑色长斑，取食后呈浓绿、褐绿色（图2-12.1）；当密度大或种群迁移前体色变为橙黄色；在生长季节绝无红色个体出现；滞育型体呈淡红色，体侧无斑。

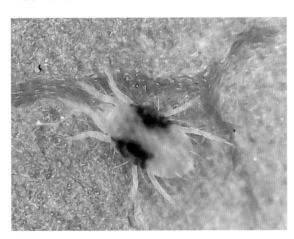

图2-12.1　二斑叶螨形态（张艳军　摄）

【生　活　史】在南方发生20代以上，在北方12～15代。越冬雌虫出蛰后多集中在早春寄主，如打碗花、葎草、菊科、十字花科等杂草和草莓上危害，第1代卵也多产在这些杂草上，在早春寄主上一般发生1代，于5月上旬后陆续迁移到蔬菜上危害。

【危害症状】主要危害叶片，被害叶初期仅在叶脉附近出现失绿斑点，以后逐渐扩大，叶片大面积失绿，变为褐色，螨口密度大时，被害叶布满丝网，提前脱落（图2-12.2）。

图2-12.2　二斑叶螨危害草莓叶片（张艳军　摄）

【起　　源】不详。

【分　　布】世界各国均有分布。

【入侵时间】1978年入侵台湾，1983年入侵北京。

【入侵生境】菜地、果园（图2-12.3）、花卉圃。

【寄　　主】寄主广泛，主要危害多种蔬菜和果树，也危害大豆、花生、玉米、高粱、棉花等作物，以及近百种杂草。

图2-12.3 二斑叶螨危害大棚草莓（张艳军 摄）

【环境条件】喜高温干旱，7—8月降雨情况对其发生发展影响较大，发育适温为25~30℃，适宜相对湿度为35%~55%。

【扩散途径】主要随寄主植物特别是花卉苗木的调运而远距离传播，也可凭借风力、流水、昆虫、鸟兽、人畜、各种农机具等近距离传播。

【危　害】该虫在鲁西南苹果产区危害日益严重，一般减产11.3%~13.6%，高的达29.8%；也危害板栗产区，部分栗园发生相当严重。

【控制措施】农业防治：在早春、秋末清洁田园，在4月中下旬后，待杂草上的二斑叶螨种群主要为卵和幼螨时，及时清除杂草，消灭其上的虫体，可减少迁移的害虫数量；加强土肥水管理，不偏施氮肥，增加作物的抵抗力。生物防治：保护利用天敌，尽量避免滥用农药杀伤天敌；可投放捕食螨、捕食性蓟马、小花蝽、食螨瓢虫等天敌；可施用球孢白僵菌等杀虫菌；或施用阿维菌素等生物源杀虫制剂。化学防治：可选用三唑锡、唑螨酯、哒螨灵、虫螨腈、甲氰菊酯、喹螨醚等喷雾防治。

第三篇

主要天敌物种

华北平原重大农业外来入侵病虫及主要天敌图鉴

蜻　蜓　目

1. 长叶异痣蟌

【学　　名】长叶异痣蟌 *Ischnura elegans*。

【别　　名】长叶瘦蟌。

【分类地位】隶属动物界（Animalia）节肢动物门（Arthropoda）昆虫纲（Insecta）蜻蜓目（Odonata）蟌科（Coenagrionidae）异痣蟌属（*Ischnura*）。

【形态特征】成虫腹长22~25 mm，后翅长18~22 mm。体小至中型。雄虫下唇白色，额黑色。复眼上部分为黑色，下部分为天蓝色。头顶黑色，单眼后色斑青蓝色，圆形。前胸黑色，合胸背面前方黑色，并具1对蓝色条纹。合胸侧面天蓝色，无明显斑纹。翅透明，前翅翅痣由黑色和蓝色共同构成，后翅翅痣灰白色。足由黑色和淡蓝色构成。腹部第2腹节具强烈的金属光泽，第3~7腹节背面为古铜色，第7和第9腹节下方为蓝色，第8腹节整体为蓝色。雌虫体色与雄虫相差较大，全身以淡绿色为主，腹端没有斑点。刚羽化的个体全身橙红色，随着成熟度的提高，渐渐由橙红色变为淡绿色（图3-1.1）。

【猎　　物】稚虫在水中捕食孑孓，有时同类也相残食，成虫捕食蚊、蝇等小型飞行害虫。

【生活习性】栖息于挺水植物生长茂盛的池塘、湖泊、水渠附近（图3-1.2）。成虫发生期6—9月。雌性单独把卵产在近水面的植物组织内。雄虫具护卵及保护雌虫的行为。1年内大部分幼虫羽化，其余小部分翌年羽化。

图3-1.1 长叶异痣蟌成虫（张艳军 摄）

图3-1.2 长叶异痣蟌栖息地（张艳军 摄）

【分　　布】我国分布在北京、河北、天津、山西、内蒙古、河南、陕西、宁夏、新疆、浙江、上海、广东等地。

螳　螂　目

2. 中华大刀螳

【学　　名】中华大刀螳*Tenodera sinensis*。

【别　　名】中华大刀螂、华刀。

【分类地位】隶属动物界（Animalia）节肢动物门（Arthropoda）昆虫纲（Insecta）网翅目（Dictyoptera）螳螂科（Mantidae）大刀螳螂属（*Tenodera*）。

【形态特征】成虫体大型，黄褐色或绿色（图3-2.1）。体长雌虫47～90 mm，雄虫68～77 mm，前胸背板雌虫长23.5～28.5 mm，雄虫21～23 mm，雌侧角宽5～7 mm，长宽比4.3∶1；雄侧角宽4～4.8 mm，长宽比2∶1。头部正面观近似等边三角形。单眼3个，排列三角形；复眼稍突出，全部复眼颜色比头部深褐。触角线状，柄节最大。前胸背板前段1/3处扩大，整个背板长菱形；背板侧缘具钝形齿列，背面中央纵隆线明显，前部中央呈凹槽。前足基节长，下缘具钝齿，前腿处列刺4个，刺的先端黑褐色；后腿具1端刺。前翅成复翅，前缘区浅绿色，后腿扇状，具透明斑纹。前后翅约等长。腹部尾须分节明显，雄虫具1对腹刺。卵鞘楔形，沙土色，表面粗糙，孵化区稍突出，卵室外层多空室，左右各有卵室8～16层（图3-2.2）。卵黄色，长4.5 mm，宽1.2 mm。

【猎　　物】食量大，凶猛好斗，常同类相残。主要捕食蝗虫、螽斯、蛾类、蝴蝶、蝇类等多种中、小型害虫，偶尔也会捕食蜥蜴或青蛙。

图3-2.1　中华大刀螳成虫（张艳军　摄）

图3-2.2　中华大刀螳卵鞘（张艳军　摄）

【生活习性】1年1代，夏末秋初成虫出现，秋末成虫产卵。以卵鞘
在树枝、杂草或土块上越冬。一般在早晚活动取食，喜阴怕热。在炎
热的夏天，中午常栖息在树冠阴凉处或杂草丛中；秋季气温降低时，
早晚多栖息在向阳的树叶上（图3-2.3）。雌雄虫一生可交尾多次。

图3-2.3　中华大刀螳栖息地（张艳军　摄）

【分　　布】我国分布在安徽、江苏、山西、北京、河北、福建、浙江、四川、广东、台湾、湖南等地。

半　翅　目

3. 大眼长蝽

【学　　名】大眼长蝽*Geocoris pallidipennis*。

【分类地位】隶属动物界（Animalia）节肢动物门（Arthropoda）昆虫纲（Insecta）半翅目（Hemiptera）大眼长蝽科（Geocoridae）大眼长蝽属（*Geocoris*）。

【形态特征】卵淡橙黄色，孵化前在突起的一端出现2个红眼点；

表面像花生壳大的一头有5个"T"形突起；长约0.74 mm，宽0.28 mm。1龄若虫初期体长方形，头胸淡黄色，腹部橙黄色，复眼暗红色，突出，5 d后体变紫黑色，头较尖，腹部大而圆钝。成虫黑褐色，体长2.9～3.7 mm，腹宽1.3～1.5 mm；复眼暗褐色，单眼红色；雌虫触角1～3节黑色，第4节灰褐色，雄虫触角1～2节色深，其末端色淡第3、第4节淡色；喙深褐色，第1节与末节端半黑色；小颊黄白色；前胸背板大部、前胸腹面及小盾片黑色，前胸背板中部前缘有1小斑淡黄褐色，前胸背板两侧、后缘角及前翅革片、爪片均为淡黄褐色；膜片透明；足黄褐色，股节、节先端深褐色；头比前胸背板前缘宽，前端呈三角形突出；复眼大而突出，单眼位于头顶两侧后方；前胸背板有粗刻点（图3-3.1）。

图3-3.1　大眼长蝽成虫（张艳军　摄）

【猎　　物】捕食叶蝉、蓟马、盲蝽、蚜虫、叶螨等若虫及鳞目害虫的卵和低龄幼虫。

【生活习性】以成虫在冬季绿肥田及枯枝落叶下过冬；翌年5月中下旬开始活动；7—8月发生数量较多，并见各龄若虫及成虫，多见于有花和植物的地方（图3-3.2）；9月后渐减。

图3-3.2 大眼长蝽栖息与食源地（张艳军 摄）

【分　　布】我国分布在北京、天津、河北、山西、山东、河南、江苏、甘肃、陕西、安徽、湖北、上海、浙江、四川、江西、湖南、贵州、云南、西藏等地。

4. 蠋蝽

【学　　名】蠋蝽*Arma custos*。

【分类地位】隶属动物界（Animalia）节肢动物门（Arthropoda）昆虫纲（Insecta）半翅目（Hemiptera）蝽科（Pentatomidae）蠋蝽属（*Arma*）。

【形态特征】卵圆筒状，高1～1.2 mm，宽0.8～0.9 mm；侧面中央稍鼓起，上部1/3处及卵盖上有长短不等的深色突起，组成网状斑纹；卵盖周围有白色纤毛11～17根；初产卵粒为乳白色，渐变米黄色，直至橘红色。初孵若虫为米黄色，复眼赤红色，10 min后头、前胸背板和足渐变为黑色；腹部背面黄色，中央有4个大小不等的黑斑，侧接线的节缝具红色斑点；4龄后可明显看到1对黑色翅芽；其各龄平均体长分别为1.6 mm、2.9 mm、4.2 mm、5.9 mm、9.6 mm，体宽为1.3 mm、2.3 mm、2.7 mm、4 mm、6.1 mm。雌成虫体长11.5~14.5 mm，体宽5~7.5 mm，雄虫体长10~13 mm，体宽5~6 mm；体黄褐色或黑褐色，腹面淡黄褐，密布深色细刻点；触角5节，第3、第4节为黑色或部分黑色；前胸背板侧缘前端色淡，不呈黑带状，侧角略短，不尖锐，也不上翘（图3-4.1）。

图3-4.1　蠋蝽成虫（张艳军　摄）

【猎　　物】若龄幼虫主要捕食蚜虫，3龄后主要捕食鳞翅目、鞘翅目、双翅目的幼虫，如草地贪夜蛾、马铃薯甲虫、美洲斑潜蝇等。

【生活习性】在内蒙古、山西、山东1年1代，以成虫在落叶、杂草根部、土缝、树皮缝等处越冬。翌年5月上中旬开始活动、在小麦、春玉米等作物上觅食，7月下旬大多转移到棉花、大豆等作物上并交配、产卵。8月初是产卵的高峰季节，8月下旬孵化，10月中旬成虫开始向冬麦田、杂草等处转移越冬。成虫喜爬行，不善飞翔，夏季活动于树林浓荫处捕食各种昆虫（图3-4.2）。

图3-4.2　蝎蝽栖息与食源地（张艳军　摄）

【分　　布】我国分布在内蒙古、河北、北京、山东、河南、黑龙江、吉林、辽宁、江苏、浙江、江西、湖南、湖北、四川、云南、贵州、陕西、甘肃、新疆等地。

5. 东亚小花蝽

【学　　名】东亚小花蝽*Orius sauteri*。

【分类地位】隶属动物界（Animalia）节肢动物门（Arthropoda）昆虫纲（Insecta）半翅目（Hemiptera）花蝽科（Anthocoridae）小花蝽属（*Orius*）。

【形态特征】卵盖边缘由许多不规则形状的孔室排列而成，卵粒呈长茄形，表面有网状花纹，内部充盈液体，长0.5～0.6 mm，最宽处约0.2 mm，卵盖直径约0.1 mm，初产时呈乳白色，中期灰白色，后期呈黄褐色，临近孵化时可观察到1对红色眼点。若虫具翅芽且随龄期增长逐渐伸长，体型呈椭圆状，初孵时呈淡黄色且透明，随龄期增长体色逐渐变为淡黄褐色，若虫多为5龄，也有少数为4龄。成虫体型微小，体呈椭圆形，有光泽，体长多为1.9～2.6 mm；头黑褐色，头顶中部有纵列毛，呈"Y"形分布，单眼突出，两单眼间有一横列毛；触角共4节，粗细较一致，常雌雄分型，雄成虫触角经常比雌成虫触角粗，其中又以第2节最为明显，触角第1、2节污黄褐色，第3、4节黑褐色；喙3节，一般长度超过前足基节；前胸背板黑褐色，具刻点，领短，胝区隆起，光滑，四角无直立长毛，雄成虫侧缘微凹，雌成虫侧缘直，全部或大部分呈薄边状，雄成虫前胸背板较雌成虫小；前翅具刻点，爪片和革片淡色，楔片大部分黑褐或仅末端色深，膜片具3条脉，黑褐色或黑白色；足淡黄褐色，股节外侧色较深，后足基节相互靠近，雄成虫前足胫节内侧有小齿；后胸腹板三角形（图3-5.1）。

图3-5.1　东亚小花蝽成虫（张艳军　摄）

【猎　　物】成虫和若虫均可捕食蓟马、粉虱、蚜虫、叶螨、叶蝉和鳞翅目昆虫的卵及低龄幼虫等。

【生活习性】在北京1年可发生5～8代，每代历期1个月左右，世代重叠明显。以雌成虫在树皮缝隙及小麦、苜蓿、油菜、蔬菜和杂草等多种越冬作物的枯枝落叶中越冬；3月下旬开始在苜蓿等杂草和地面上的枯枝落叶内活动，并且卵巢开始发育；4月初卵巢成熟，并开始产卵；4月中旬前后，其数量有所增加，均为越冬的雌成虫；5月中下旬即可观察到新孵化的若虫和成虫；8月中旬至9月末时若虫数量较多（图3-5.2）；10月中旬左右雄成虫变少，雌成虫变多，开始群集越冬。

图3-5.2　东亚小花蝽栖息与食源地（张艳军　摄）

【分　　布】我国分布在内蒙古、北京、天津、河北、山西、辽宁、湖北、四川等地。

脉翅目

6. 丽草蛉

【学　　名】丽草蛉*Chrysopa formosa*。

【分类地位】隶属动物界（Animalia）节肢动物门（Arthropoda）昆虫纲（Insecta）脉翅目（Neuroptera）草蛉科（Chrysopidae）草蛉属（*Chrysopa*）。

【形态特征】卵多为单粒散产，少见有2~3粒在一起；卵粒椭圆形，翠绿色，肥而短，长0.84~1 mm，宽0.3~0.35 mm，丝柄长3.5~5.5 mm。1龄幼虫体长1.8~2.4 mm，浅褐色，斑纹褐色；前胸和腹部1~8节的体侧毛瘤上有刚毛2根；中、后胸侧毛瘤上有刚毛8根；头顶有对称的三叉形褐色斑纹；前胸背板有倒"八"字形黑色斑纹，除胫黄褐色，腿节末端与胫节基部有褐斑。2龄幼虫体长5 mm左右；体黄绿色，斑纹黑褐色；体侧毛瘤上的刚毛多根；头背面有对称的"V"形斑纹；前端有细"八"字形纹；体背面两侧有2条较粗的亚背线。3龄幼虫体长8.50~10 mm；体橘黄色，腹面青灰色，斑纹黑色；体侧毛瘤上有刚毛多根；头背面有对称的三叉形黑褐色斑纹；前方有"八"字形黑褐色斑纹，胸部有黑褐色斑纹（图3-6.1）。成虫体长9~10 mm，前翅长14~15.50 mm，后翅长11~13 mm；体绿色，下颚须和下唇须均为黑色；触角比前翅短，黄褐色，第1节与头部颜色相同，第2节黑褐色；头部有9个黑色斑纹，中斑1个、角上斑1对、角下斑1对呈新月形、颊斑1对唇基斑1对呈长形；前胸背板长略大于宽，中部有1横沟，横沟两侧各有1褐斑；中胸和后胸背面也有褐斑，但常不

显著；足绿色，胫节及跗节黄褐色；翅端较圆，翅痣黄绿色，前
后翅的前缘横脉列的大多数均为黑色，胫横脉列仅上端一点为黑
色，所有的阶脉为绿色，翅脉上有黑毛；腹部为绿色，密生黄毛
（图3-6.2）。

图3-6.1　丽草蛉幼虫（张艳军　摄）

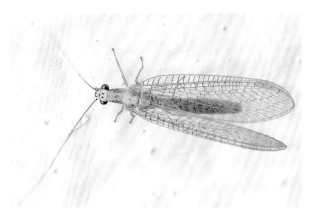

图3-6.2　丽草蛉成虫（张艳军　摄）

【猎　　物】成虫与幼虫同为肉食性和广捕性，可以捕食多种害虫

119

以及一种害虫的多种虫态。

【生活习性】在华北地区1年发生4~5代。以预蛹期在茧内越冬；翌年4月上旬开始化蛹，4月下旬至5月上旬为化蛹盛期；羽化盛期在5月上中旬；产卵盛期在5月下旬至6月上旬；9月中旬以后陆续进入预蛹期并开始越冬。繁殖期间常取食花粉、花蜜和昆虫分泌的蜜露（图3-6.3）。成虫白天与晚上均有活动行为，春季、秋季多在早、晚较温暖时活动旺盛，中午阳光强烈时静伏于阴凉的地方或叶背面。

图3-6.3　丽草蛉栖息地（张艳军　摄）

【分　　布】我国分布在内蒙古、河北、山东、河南、黑龙江、吉林、辽宁、宁夏、甘肃、青海、新疆、陕西、山西、江苏、安徽、浙江、湖北、江西、湖南、福建、广东、四川、贵州、云南、西藏等地。

鞘 翅 目

7. 芽斑虎甲

【学　　名】芽斑虎甲*Cicindela gemmata*。

【分类地位】隶属动物界（Animalia）节肢动物门（Arthropoda）昆虫纲（Insecta）鞘翅目（Coleoptera）步甲科（Carabidae）虎甲属（*Cicindela*）。

【形态特征】成虫体长14～18 mm，宽5～6 mm；头铜色，颊区无白色毛或只有稀疏的几根白色毛；胸铜色，前胸背板有毛，胸部侧板密被白色毛；体腹面腹部无毛，或仅有细小稀疏而不明显的毛；鞘翅深绿色，具淡黄色斑点，每翅基部有1个芽状小斑，中部有1条波曲形横斑，有时此斑分裂为2个小斑，翅端靠近侧缘有1个小圆斑，与后面1条弧形细纹相连；体腹面红色、绿色和紫色，雌虫腹部6节，雄虫腹部7节，且雄虫前足跗节扁宽多毛（图3-7.1）。

图3-7.1　芽斑虎甲成虫（张艳军　摄）

【猎　　物】捕食鳞翅目幼虫和成虫。

【生活习性】以幼虫在地下冬眠，到了春天钻出地面开始活动，栖息于草丛地表（图3-7.2）。

图3-7.2　芽斑虎甲栖息地（张艳军　摄）

【分　　布】我国分布在山西、北京、河北、山东、河南、黑龙江、青海、甘肃、四川、福建等地。

8. 耶气步甲

【学　　名】耶气步甲*Pheropsophus jessoensis*。

【别　　名】屁步甲。

【分类地位】隶属动物界（Animalia）节肢动物门（Arthropoda）昆虫纲（Insecta）鞘翅目（Coleoptera）步甲科（Carabidae）屁步甲属（*Pheropsophus*）。

【形态特征】成虫体长10～19 mm，体宽5～7.5 mm，头、前胸背板棕黄色；头顶有心形黑斑；口器棕红色，上颚端部黑色；额两侧有纵皱纹，额沟浅；头后部有网状细纹和稀疏刻点；小盾片和鞘翅黑色，各鞘翅肩部和中部有1黄色斑；各鞘翅有7条纵隆脊；体腹面黑色，腹部雌虫可见7节，雄虫可见8节；腿节端部黑色，足的其余部分棕黄色（图3-8.1）。

图3-8.1　耶气步甲成虫（张艳军　摄）

【猎　　物】捕食鳞翅目、双翅目害虫全虫态，也可捕食蜗牛、蛞蝓、线虫等。

【生活习性】1年发生1代，成虫在肥力较好、有机质含量多、湿度较大的田块和田埂缝隙中，田间草垛肥堆、砂石土块堆，农舍前后的砖头卵石堆的缝隙中越冬；翌年3月中旬以后开始活动；成虫羽化常在10月中下旬，随即开始越冬。喜生活于潮湿处，白天隐藏在灌丛、石块或堆积物下面（图3-8.2），晚间出来活动，遇敌时放出黄色臭气自卫。

【分　　布】我国分布在北京、河北、山东、辽宁、上海、云南、重庆、湖北等地。

图3-8.2　耶气步甲栖息与食源地（张艳军　摄）

9. 双斑青步甲

【学　　名】双斑青步甲Chlaenius bioculatus。

【分类地位】隶属动物界（Animalia）节肢动物门（Arthropoda）昆虫纲（Insecta）鞘翅目（Coleoptera）步甲科（Carabidae）青步甲属（Chlaenius）。

【形态特征】卵椭圆形，米粒状，长约2 mm，宽约1 mm，初产时呈乳白色，2～3 d后变为黄白色，卵表面出现2处黑色的眼点；卵多为单产，附于叶片或者茎秆上，也有2～3粒卵粘连的情况。初孵幼虫通体透明，仅复眼部分为黑色；随着时间增加，幼虫体色发生变化，头部逐渐变为黄褐色，最终变为褐色，躯体部分逐渐变灰黑色，最终变为黑色；3龄幼虫体长约15 mm，宽约3 mm，尾须长约1.5 mm；前胸背板比头部略宽，有刺状刚毛，腹部背面附有坚硬的外壳，腹部内侧柔软，并且产生对称的条状花纹，腹部1～8节依次变窄，至第9节长有1对尾须。裸蛹淡黄色，通体透明，长约10 mm，宽约5 mm，眼部清晰可见3对足折叠于腹部上端，腹部两侧有瘤状突起，末端长有2条尾须。成虫体长约15 mm，宽约5 mm，初羽化时通体为浅黄褐色，随着时间增加，体色逐渐加深；头部与前胸背板变为青铜色且带有金属光泽；鞘翅为黑色、无光泽，每片鞘翅在翅端部3/4处有1个黄色斑点，斑点由5条纵斑组成，每条长1.0～1.5 mm，中间1条较长；雄成虫的前足跗节前3节膨大，雌成虫的跗节无明显特征（图3-9.1）。

图3-9.1　双斑青步甲成虫（张艳军　摄）

【猎　　物】捕食多种鳞翅目害虫各虫态。

【生活习性】11月上旬以成虫在田埂边的土块中、石下及堆积物内越冬，翌年4月下旬开始产卵，在华北地区全年发生3～4代。白天隐藏在草丛、农田作物下面（图3-9.2），晚间出来活动。

【分　　布】我国分布在山东、江苏、湖北、四川、福建等地。

图3-9.2　双斑青步甲栖息地（张艳军　摄）

10. 七星瓢虫

【学　　名】七星瓢虫Coccinella septempunctata。

【别　　名】金龟、新媳妇、花大姐、七星瓢蝉、七星花鸡等。

【分类地位】隶属动物界（Animalia）节肢动物门（Arthropoda）昆虫纲（Insecta）鞘翅目（Coleoptera）瓢虫科（Coccinellidae）瓢虫属（Coccinella）。

【形态特征】卵粒梭形，竖立，整齐地排列成块，每个卵块一般30粒左右，最多可达百余粒，少的则仅有几粒；刚产下的卵淡黄色，后逐渐变为杏黄色；将孵化时，呈黑褐色。初孵幼虫2～3 mm，孵化后聚集在原卵块的残壳上，经8～12 h，开始分散取食；2龄幼虫体长4～6 mm，腹部第1节背面两侧，出现2个黄色肉瘤；3龄幼虫除体长加大外，腹部第1、第4两节的背面两侧，各有1对黄色肉瘤，但第4节的肉瘤不很明显；4龄幼虫两对肉瘤都非常明显（图

3-10.1）；幼虫老熟时，体形变粗，最后以尾端固着在植株等附着物上，准备化蛹。蛹长7 mm，宽5 mm，黄色；前胸背板前缘有4个黑点，中央2个呈三角形；前胸背板后缘中央有2个黑点，两侧角有2个黑斑；中胸背板有2个黑斑；腹部第2~6节背面左右有4个黑斑；腹末带有末龄幼虫的黑色蜕皮。成虫体卵圆形，背部拱起，背面光滑无毛；头黑色，复眼黑色，触角褐色，口器黑色；前胸背板黑色，小盾片黑色；鞘翅黄色，橙红色至红色；鞘翅左右有3个黑点，在鞘翅结合的前方有1个更大的黑点（图3-10.2）。

图3-10.1 七星瓢虫幼虫（张艳军 摄）

图3-10.2 七星瓢虫成虫（张艳军 摄）

【猎　　物】主要捕食各类蚜虫、螨类、鳞翅目幼虫等。

【生活习性】以成虫越冬，多选择较干燥、温暖的枯枝落叶下、杂草基部近地面的土块下、土缝中、石缝、草丛、树皮裂缝处潜伏，蛰伏越冬后，若遇温度回暖，又爬出越冬场所活动；出蛰后的七星瓢虫迅速在林木、杂草和作物之间活动，特别是带蚜虫的作物与开花果木上（图3-10.3）。七星瓢虫是迁飞性昆虫，成虫和幼虫的觅食行为属于广域搜索与区域集中搜索行为的转换。

图3-10.3　七星瓢虫栖息与食源地（张艳军　摄）

【分　　布】我国分布在山西、北京、河北、山东、河南、黑龙江、吉林、辽宁、新疆、陕西、江苏、浙江、江西、湖北、湖南、四川、贵州、广西、云南、西藏、广东、福建等地。

11. 异色瓢虫

【学　　名】异色瓢虫*Harmonia axyridis*。

【别　　名】亚洲瓢虫。

【分类地位】隶属动物界（Animalia）节肢动物门（Arthropoda）昆虫纲（Insecta）鞘翅目（Coleoptera）瓢虫科（Coccinellidae）瓢虫属（*Harmonia*）。

【形态特征】卵粒呈枣核形，两头尖，中间鼓，垂直而立，有时排列整齐，偶尔块状；卵粒长1.2 mm左右，颜色呈鹅黄色，接近孵化时卵的颜色变黑。1龄幼虫体长2.0 mm左右，身体呈三角形，体色为黑色；2龄幼虫体长4.0 mm左右，体色为灰黑色，腹部前端背脊有1对黄色突起；3龄幼虫体长6.0 mm左右，体色为黑色，腹部背脊的1对黄色突起增加至5对；4龄幼虫体长10.0 mm左右，体色为黑色，腹部背脊除了5对黄色突起外，在最后2对突起中间又增加了1个"口"字形黄色突起（图3-11.1）；4龄幼虫后期不再取食，身体逐渐变小蜷缩起来，预蛹期为1 d。蛹体长6 mm，宽4 mm左右，体色呈黄褐色，体背有明显黑色斑块，大小与成虫相似。成虫长5.4～8.0 mm，宽3.8～5.2 mm，色斑类型多达200种；鞘翅的7/8处有1条显著的横脊（图3-11.2）。

图3-11.1　异色瓢虫幼虫（张艳军　摄）

图3-11.2　异色瓢虫成虫（张艳军　摄）

【猎　　物】捕食蚜虫、介壳虫等半翅目，鞘翅目、膜翅目、双翅目和鳞翅目昆虫，以及螨类害虫。

【生活习性】发生代数由北向南逐渐增加，在华北地区1年发生4代，均以成虫越冬，从10月下旬开始，异色瓢虫会群集于石缝、石块、土块、村落房舍以及屋檐下越冬，翌年3月出洞，进行取食繁殖（图3-11.3、图3-11.4）；春季的迁出时间在每年的3月中下旬至4月末，秋季的回迁时间在每年的10月上旬至10月末。

图3-11.3　异色瓢虫栖息与食源地，玉米田（张艳军　摄）

图3-11.4　异色瓢虫栖息与食源地，苹果园（张艳军　摄）

【分　　布】我国除广东南部、香港以外的其他地区均有分布。

12. 龟纹瓢虫

【学　　名】龟纹瓢虫*Propylea japonica*。

【分类地位】隶属动物界（Animalia）节肢动物门（Arthropoda）昆虫纲（Insecta）鞘翅目（Coleoptera）瓢虫科（Coccinellidae）龟纹瓢虫属（*Propylea*）。

【形态特征】卵纺锤形，长1 mm，宽0.5 mm，初产时乳白色，近孵化时灰黑色。初孵幼虫浅灰褐色，前胸浅灰白色；老熟幼虫体长6.8～7.8 mm，浅灰黑色，前胸背板前缘和侧缘灰白色，中后胸中部有灰白色或橙黄色斑，侧下刺瘤灰白或橙黄色（图3-12.1）。蛹黄白色至灰黑色，前胸背板后缘中央有2个黑斑，有的个体黑斑外侧有1个黑点，后胸背部及腹部第2～5节背面各有2个黑斑。成虫体长圆形，长3.8～4.7 mm，宽2.9～3.2 mm；头部雄虫唇基黄色，雌虫唇基具三角形黑斑，有时黑斑扩大，以至头部全为黑色；复眼黑色；触角、口器黄褐色；前胸背板中央有一黑色大斑，基部与后缘相连，有时黑斑扩展，几乎占据整个前胸背板，仅前缘和侧缘为黄色；小盾片和鞘缝黑色；鞘翅上有黑色斑点、花纹，或几乎全为黑色，或鞘翅上无黑斑，全为黄色；足黄褐色；腹部腹板中部黑色，边缘黄褐色（图3-12.2）。

图3-12.1　龟纹瓢虫幼虫（张艳军　摄）

图3-12.2　龟纹瓢虫成虫（张艳军　摄）

【猎　　物】捕食半翅目、鳞翅目和螨类害虫。

【生活习性】1年发生4代，以成虫群集在土壤、石块缝穴内越冬；春季4—5月越冬代成虫产卵，第1代成虫于6月中旬发生，第2代成虫于7月中旬发生，第2代成虫于8月下旬发生，第4代成虫于10月上旬发生。常见于农田、果园、草地以及树丛（图3-12.3）；成虫白天活动、夜间很少活动。

图3-12.3　龟纹瓢虫栖息与食源地（张艳军　摄）

【分　　布】我国分布在北京、河北、山东、河南、黑龙江、吉林、辽宁、新疆、甘肃、宁夏、陕西、湖北、江苏、上海、浙江、湖南、四川、台湾、福建、广东、广西、贵州、云南等地。

膜 翅 目

13. 镶黄蜾蠃

【学　　名】镶黄蜾蠃*Oreumenes decoratus*。

【分类地位】隶属动物界（Animalia）节肢动物门（Arthropoda）昆虫纲（Insecta）膜翅目（Hymenoptera）胡蜂科（Vespidae）奥蜾蠃属（*Oreumenes*）。

【形态特征】雌蜂体长21～24 mm；颅顶和颊黑色；额大部黑色；触角间黄色；复眼间有一黄色条纹；上颚端部一尖齿，内缘有3个钝齿；前胸背板橙色并有三角形黑色区；中胸背板和小盾片黑色；后小盾片橙色，前缘黑色；并胸腹节大部黑色，两边有橙色斑；前足基节外侧黑色，内侧及端部棕色，其他各节棕色或暗棕色；中足基节和转节黑色，其他为棕色或暗棕色；后足基节前侧黑色，其他为棕色或暗棕色；腹部第1节柄状，从基部1/3处加粗，黑色；背板边缘有黄色斑；第2节最大，端部1/3处有橙色宽带，基部2/3黑色；腹第6节背、腹板近三角形，黑色。雄蜂体长15～21 mm；唇基黄色；触角窝下部有黄色斑，鞭节黑色；前胸背板两侧各有一黑色斑；并胸腹节有一深棕色带；各足基节除端部呈暗棕色外，全呈黑色（图3-13.1）。

【猎　　物】捕食鳞翅目昆虫的幼虫。

【生活习性】平时独栖，社会性行为较简单，白天活动，夜晚潜伏。只有在雌蜾蠃要产卵时才筑巢，并在自然界捕捉其他昆虫幼虫，经蜇刺麻醉后储存（图3-13.2）。

图3-13.1　镶黄蜾蠃成虫（张艳军　摄）

图3-13.2　镶黄蜾蠃食源地（张艳军　摄）

【分　　布】我国分布在河北、山西、山东、河南、辽宁、吉林、江苏、浙江、四川、广西等地。

14. 广大腿小蜂

【学　　名】广大腿小蜂*Brachymeria lasus*。

【分类地位】隶属动物界（Animalia）节肢动物门（Arthropoda）

昆虫纲（Insecta）膜翅目（Hymenoptera）小蜂科（Chalalcididae）大腿小蜂属（*Brachymeria*）。

【形态特征】雌蜂体长5～7 mm；黑色；翅基片淡黄色或黄白色，但基部暗红褐色；各足基节至腿节黑色，但腿节端部黄色；中足、后足胫节黄色，腹面中部的黑斑有或缺，但后足胫节基部黑或红黑色；体长绒毛银白色；头与胸等宽，表面具明显的刻点；触角12节，柄节稍长于前3索节之和，梗节几乎长宽相等，第1～4或第5索节长稍大于宽，第6或第7索节短于前面的节，棒节长为第7索节的2倍；胸部背面具粗大圆刻点，盾侧片上的稍小；中胸盾片宽为长的9/8；小盾片侧面观较厚，末端稍呈两叶状；前翅长常超过宽的5/2～7/2；缘脉为前缘脉长的1/2，后缘脉长为缘脉的1/3和肘脉的2倍；后足基节强大，端部前内侧具一突起；腿节长为宽的7/4倍，腹缘具7～12个齿，第2齿有时很小；腹部短，卵圆形，稍窄和短于胸；产卵器略突出（图3-14.1）。雄蜂体长3.3～5.5 mm，索节腹面具毛状感觉器；后足基节腹面不具突起。

图3-14.1 广大腿小蜂成虫（张艳军 摄）

【猎　　物】寄生鳞翅目、双翅目害虫的蛹。

【生活习性】单寄生，对宿主蛹年龄大小无偏好（图3-14.2）。

图3-14.2　广大腿小蜂栖息地（张艳军　摄）

【分　　布】我国分布在河北、北京、天津、山东、河南、陕西、江苏、浙江、安徽、江西、湖北、湖南、四川、台湾、福建、广东、广西、贵州、云南等地。

15. 玉米螟赤眼蜂

【学　　名】玉米螟赤眼蜂*Trichogramma ostriniae*。

【分类地位】隶属动物界（Animalia）节肢动物门（Arthropoda）昆虫纲（Insecta）膜翅目（Hymenoptera）赤眼蜂科（Trichogrammatidae）赤眼蜂属（*Trichogramma*）。

【形态特征】成虫体长0.6 mm左右（图3-15.1）。雌虫体黄；前胸背板、腹基部及末端黑褐色；产卵器稍短于后足胫节。雄虫体黄，前胸背板及腹部黑褐色；触角鞭节细长；触角毛细长，最长的相当于鞭节最宽处的3倍；前翅臀角上的缘毛相当于翅宽的1/6。

图3-15.1　玉米螟赤眼蜂成虫（刘雨欣　摄）

【猎　　物】寄生鳞翅目害虫的卵。

【生活习性】喜好生活于旱地（图3-15.2），如玉米田、棉花田，也可生活于水稻田。

图3-15.2　玉米螟赤眼蜂食源地（张艳军　摄）

【分　　布】我国分布在北京、山西、河北、山东、河南、吉林、辽宁、江苏、浙江、安徽、广东等地。

16. 丽蚜小蜂

【学　　名】丽蚜小蜂*Encarsia formosa*。

【分类地位】隶属动物界（Animalia）节肢动物门（Arthropoda）昆虫纲（Insecta）膜翅目（Hymenoptera）蚜小蜂科（Aphelinidae）恩蚜小蜂属（*Encarsia*）。

【形态特征】成虫体微小，扁平；中胸三角片前突出，明显超过翅基连线；前翅缘脉长，亚缘脉和翅痣脉短，后脉不发达；中足胫节端距长，但不粗壮，跗节4～5节。雌虫体长约0.6 mm，宽0.3 mm；头深褐色，胸黑色，腹黄色，并有光泽；触角8节，长0.5 mm，淡褐色，末节呈桨状；翅无色透明，翅展1.5 mm；足为棕黄色；腹末端有延伸较长产卵器（图3-16.1）。雄蜂较少。

图3-16.1　丽蚜小蜂成虫（刘雨欣　摄）

【猎　　物】取食或寄生粉虱类害虫。

【生活习性】专性寄生粉虱。但也取食粉虱，第一种是雌蜂成虫通过产卵器对粉虱若虫刺探，导致寄主体液外流，可作为丽蚜小蜂的食物；第二种是成虫直接对粉虱若虫进行吸食。对寄主植物具有一定选择性，丽蚜小蜂在番茄上的寄生率最高（图3-16.2）。

图3-16.2　丽蚜小蜂食源地（张艳军　摄）

【分　　布】在北京、河北、山东、上海、黑龙江、新疆等地的示范推广较多，田间形成了定殖和分布。

双 翅 目

17. 黑带食蚜蝇

【学　　名】黑带食蚜蝇*Episyrphus balteatus*。

【分类地位】隶属动物界（Animalia）节肢动物门（Arthropoda）昆虫纲（Insecta）双翅目（Diptera）食蚜蝇科（Syrphidae）黑带食蚜蝇属（*Episyrphus*）。

【形态特征】初孵幼虫淡白色。老熟幼虫体长9.1～12.0 mm，宽2.5～3.0 mm；蛆形，末端截状略扁，较透明，背部血管和气管可通过半透明的体壁隐约可见；体背后胸和腹部第4～5节中央有2条白色纵带，后半部较宽，两纵线间呈淡褐色；体表多环纹并密布小突起；因体表透见体内物质形成的黑褐色大斑，黑斑前端呈叉状，后端大而钝圆，化蛹前体内物质排出，黑斑消失；臀板中上部不凹陷，每侧2个突起；气门管端面紧靠在一起，每气门管端部有气门裂3个，内侧上方的1个较短，各气门裂之间有1个小突起。成虫体长10.1～12.2 mm，翅展19～21 mm；额淡黄色，中央及新月片上方灰黑色，颜毛淡黄色，新月片橘黄色；复眼红色；触角第3节卵圆形，底色黄褐色，各节具有黑色横带；前胸背板黑色，中央及两侧灰色纵条；中胸盾片黑色，有光泽，具有4条亮黑色纵条；小盾片黄色，中央毛黑色，四周毛黄色；腹部长圆形，底色黄褐色，第2腹节背板基部中央具有黑斑，第2、3节背板后缘具有黑带，第4节近后缘具有黑带，第3、4节亚基部具有1条较短的黑色横带；第5背板黑斑较小（图3-17.1）。

【猎　　物】捕食蚜虫、叶蝉、介壳虫、蓟马及鳞翅目害虫的卵和幼虫。

【生活习性】1年发生5代，以蛹和少量成虫于11月下旬越冬；翌年4月上旬越冬成虫开始活动。成虫羽化后喜食花粉、花蜜等（图3-17.2）。

图3-17.1　黑带食蚜蝇成虫（张艳军　摄）

图3-17.2　黑带食蚜蝇栖息与食源地（张艳军　摄）

【分　　布】我国分布在内蒙古、河北、北京、黑龙江、辽宁、湖北、上海、江苏、浙江、江西、广西、云南、西藏、广东、福建等地。

18. 大灰优食蚜蝇

【学　　名】大灰优食蚜蝇*Eupeodes corollae*。

【别　　名】大灰食蚜蝇。

【分类地位】隶属动物界（Animalia）节肢动物门（Arthropoda）昆虫纲（Insecta）双翅目（Diptera）食蚜蝇科（Syrphidae）优食蚜蝇属（*Eupeodes*）。

【形态特征】成虫体长9～10 mm；眼裸；头部除头顶区和颜正中棕黑色外，大部均棕黄色，额与头顶被黑短毛，颜被黄毛；触角第3节棕褐到黑褐色，仅基部下缘色略淡。小盾片棕黄色，毛同色，有时混以少数黑毛；足大部棕黄色；腹部两侧具边，底色黑，第2～4背板各具大形黄斑1对。雄性第3、4背板黄斑中间常相连接，第4、5背板后缘黄色，第5背板大部黄色，露尾节大，亮黑色（图3-18.1）；雌性第3、4背板黄斑完全分开，第5背板大部黑色。腹背毛与底色一致。

图3-18.1　大灰优食蚜蝇成虫（张艳军　摄）

【猎　　物】捕食蚜虫、叶蝉、介壳虫、蓟马及鳞翅目害虫的卵和幼虫。

【生活习性】1年发生4～5代，以蛹和少量成虫于11月下旬越冬；翌年4月上旬越冬成虫开始活动。成虫羽化后喜食花粉、花蜜等（图3-18.2）。

图3-18.2　大灰优食蚜蝇栖息地（张艳军　摄）

【分　　布】我国分布在北京、河北、内蒙古、山东、河南、辽宁、吉林、黑龙江、浙江、福建、江西、湖北、湖南、广西、四川、贵州、云南、西藏、陕西、甘肃、青海、宁夏、新疆、台湾等地。

蜘　蛛　目

19. 拟环纹豹蛛

【学　　名】拟环纹豹蛛*Pardosa pseudoannulata*。

【分类地位】隶属动物界（Animalia）节肢动物门（Arthropoda）蛛形纲（Arachnida）蜘蛛目（Araneae）狼蛛科（Lycosidae）豹蛛属（*Arthropoda*）。

【形态特征】雌蛛体长10~14 mm；头胸部背面正中斑呈黄褐色，前宽后窄，正中斑前方具1对色泽较深的棒状斑，中窝粗长呈赤褐色；背甲两侧的侧纵带呈暗色；前眼列平直并短于第2眼列，第2行眼大；额高为前中眼的2倍；胸板黄色，在第1/2、2/3、3/4对步足基节间的部位各有1对黑褐色斑点；步足褐色，具淡色轮纹，各胫节有2根背刺；腹部心脏斑呈枪矛状，其两侧有数对黄色椭圆形斑，前2对呈"八"字形排列，其余数对左右相连，每个斑中各有1个小黑点；外雌器中部有一窄、长突出。雄蛛体长8~10 mm；体色较暗；胸板呈黑褐色（图3-19.1）。卵袋扁圆形，灰白色，直径8 mm左右，每个卵袋含卵100粒左右。

【猎　　物】食谱广，常见如蝗虫、蛾类、蝶类、蝇类、飞虱、蚜虫、粉虱等多种中小型害虫。

【生活习性】游猎型蜘蛛，主要在草丛茂密的地面活动（图3-19.2），夜晚也偶在植株上发现。行动迅速、敏捷，有同类相残习性。对不同猎物捕食方式不同。对大中型的蛾类、蝗虫等害虫，先抓着胸部背面，用螯肢注入毒液，麻醉猎物然后用螯肢划破猎物体壁，注入消化液，液化内脏，吮吸汁液，使留下的残体呈现出一条条小痕；

对小型猎物仅挖1个小洞吸取液汁。

图3-19.1 拟环纹豹蛛（向子仪 摄）

图3-19.2 拟环纹豹蛛栖息与食源地（向子仪 摄）

【分　　布】我国分布在吉林、辽宁、北京、河北、山东、河南、贵州、陕西、上海、甘肃、西藏、广西、江西、云南等地。

20. 三突伊氏蛛

【学　　名】三突伊氏蛛*Ebrechtella tricuspidata*。

【别　　名】三突花蛛。

【分类地位】隶属动物界（Animalia）节肢动物门（Arthropoda）蛛形纲（Arachnida）蜘蛛目（Araneae）蟹蛛科（Thomisidae）伊氏蛛属（*Ebrechtella*）。

【形态特征】雌蛛长4.6～5.7 mm，头胸部通常绿色；眼丘及眼区黄白色，前列眼各眼大致等距离排列，两侧眼丘隆起，基部相连，前侧眼及其眼丘最大；前2对步足显著长于后2对，步足的基节、转节、腿节通常绿色，膝节以下黄橙色或带一些棕色环；腹部梨形，前窄后宽，背面黄白色或金黄色，并有红棕色斑纹（图3-20.1）。雄蛛长2.7～4 mm，头胸部近两侧有时可见1条深棕色带，头胸部的边缘亦呈深棕色；前2对步足的膝节、胫节、后跗节、跗节上有深棕色斑纹；腹部后端不像雌蛛那样加宽；背面为黄白色鳞状斑纹，正中有一枝杈状黄橙色纹；腹部后缘上有的也有红棕条纹。

【猎　　物】捕食鳞翅目、半翅目害虫的卵、幼虫和成虫。

【生活习性】1年2～3代，以成蛛和幼蛛于11月中下旬在杂草、枯叶和冬播作物田内越冬；翌年3月中旬开始活动；4月中下旬开始产卵。不结网游猎性蜘蛛，体色随环境而有变化，一般在草丛或花瓣上守株待兔捕捉猎物（图3-20.2）。

图3-20.1　三突伊氏蛛（向子仪　摄）

图3-20.2　三突伊氏蛛栖息与食源地（赵建宁　摄）

【分　　布】我国分布在内蒙古、河北、山西、山东、陕西、河南、黑龙江、吉林、辽宁、甘肃、宁夏、青海、新疆、湖北、湖南、安徽、浙江、江苏、江西、福建、广东、四川、云南、台湾等地。

参 考 文 献

陈红运, 白静, 朱水芳, 等, 2006. 黄瓜绿斑驳花叶病毒辽宁分离物外壳蛋白基因与3'非编码区的序列分析[J]. 中国病毒学, 21 (4) : 516-518.

崔建新, 曹亮明, 李卫海, 等, 2018. 天敌昆虫图鉴(一) [M]. 北京: 中国农业科学技术出版社.

丁海滨, 卢扬, 邓禄军, 2006. 马铃薯晚疫病发病机理及防治措施[J]. 贵州农业科学, 34 (5) : 76-81.

范晓溪, 金伟, 周慧敏, 等, 2011. 瓜类细菌性果斑病的发生规律及防治[J]. 中国蔬菜 (21) : 26-29.

高敏丽, 张华, 2019. 番茄黄化曲叶病毒病的研究进展分析[J]. 粮食科技与经济, 43 (3) : 73-74.

郭井菲, 静大鹏, 太红坤, 等, 2019. 草地贪夜蛾形态特征及与3种玉米田为害特征和形态相近鳞翅目昆虫的比较[J]. 植物保护, 45 (2) : 7-12.

黄潮龙, 郭井菲, 何康来, 等, 2022. 双斑青步甲的生物学特性及其成虫对草地贪夜蛾的捕食能力[J]. 植物保护学报, 49 (5) : 1493-1498.

黄江华, 陈秀菊, 彭仁, 等, 2008. 烟草环斑病毒研究进展[J]. 现代农业科学, 15 (1) : 24-27.

黄振, 黄可辉, 2009. 南美斑潜蝇在中国的定性与定量风险分析[J]. 江西农业学报, 21 (1) : 83-86.

孔琳, 李玉艳, 王孟卿, 等, 2019. 七星瓢虫对草地贪夜蛾低龄幼虫的捕食能力评价[J]. 中国生物防治学报, 35 (5) : 715-720.

李丹, 2013. 龟纹瓢虫生物学特性及饲养技术[J]. 北京农业 (30) : 122.

李焕玲, 石延霞, 谢学文, 等, 2011. 番茄溃疡病的发生规律与防治技术[J]. 中国蔬菜 (23) : 24-27.

李玉艳, 王孟卿, 张莹莹, 等, 2021. 丽草蛉幼虫对草地贪夜蛾卵及低龄幼虫的捕食能力评价[J]. 植物保护, 47 (5) : 178-184.

李忠诚, 1988. 耶气步甲成虫捕食习性研究[J]. 西南科技大学学报 (哲学社会科学版) (3) : 1-5.

林玲, 张昕, 邓晟, 2014. 棉花黄萎病研究进展[J]. 棉花学报, 26 (3) : 260-267.

蒲天胜, 1983. 关于广大腿小蜂的寄主[J]. 昆虫天敌 (1) : 48.

渠成, 罗晨, 穆常青, 2023. 番茄潜叶蛾的识别与防治[J]. 蔬菜 (1) : 81-83.

宋大祥, 朱明生, 1997. 中国动物志 蛛形纲 蜘蛛目 蟹蛛科 逍遥蛛科[M]. 北京: 科学出版社.

陶笑, 张晨阳, 付文燕, 等, 2018. 丽蚜小蜂防治设施番茄烟粉虱的效果研究[J]. 长江蔬菜 (6) : 78-82.

田晶, 孟豪, 杨忠钦, 等, 2023. 玫烟色虫草和球孢白僵菌对朱砂叶螨和二斑叶螨的致病力评价[J]. 植物保护学报, 50 (4) : 1072-1081.

王宁宁, 王超, 2012. 不同碳、氮源对甘蓝链格孢菌菌丝生长的影响[J]. 作物杂志 (3) : 48-52.

王绮静, 肖悦, 杜素洁, 等, 2023. 高温对芙新姬小蜂控制美洲斑潜蝇潜力的影响[J]. 植物保护, 49 (2) : 162-169.

王然, 罗晨, 2023. 西花蓟马的识别与防治[J]. 蔬菜 (9) : 81-83.

王祥会, 焦玉霞, 孔德生, 等, 2018. 腐烂茎线虫在我国的风险评估和防控建议[J]. 中国植保导刊, 38 (10) : 77-80.

王勇强, 李玲玲, 王英鉴, 等, 2021. 中华大刀螳形态学、生物学特性及饲养观察[J]. 环境昆虫学报, 43 (2) : 315-321.

王智, 2007. 拟环纹豹蛛的生物生态学研究[J]. 昆虫学报, 50 (9) : 927-932.

魏红妮, 王逸聪, 2022. 桃缩叶病的发生与综合防控[J]. 西北园艺 (4) : 28-30.

吴钰薇, 郑林浩, 高鹏, 等, 2022. 异色瓢虫生物生态学及其应用研究进展[J]. 黑龙江农业科学 (10) : 109-114.

徐海根, 强胜, 2018. 中国外来入侵生物[M]. 北京: 科学出版社.

徐藤双, 周洁玲, 罗克波, 等, 2024. 扶桑绵粉蚧的识别及防治[J]. 蔬菜 (2) : 53-55.

闫俊杰, 张梦迪, 高玉林, 2019. 马铃薯块茎蛾生物学、生态学与综合治理[J]. 昆虫学报, 62 (12) : 1469-1482.

杨茂发, 杨大星, 徐进, 等, 2013. 稻水象甲成虫活动行为的日节律[J]. 昆虫学报 (8) : 952-959.

杨普云, 朱晓明, 郭井菲, 等, 2019. 我国草地贪夜蛾的防控对策与建议[J]. 植物保护, 45 (4) : 1-6.

杨勤民, 李冰川, 程松莲, 等, 2020. 苹果绵蚜入侵百年史及扩散趋势分析[J]. 植物检疫, 34 (5) : 28-31.

虞国跃, 田丽霞, 2022. 烟粉虱的识别与防治[J]. 蔬菜 (4) : 82-85.

袁美丽, 杨玉范, 陈秀艳, 等, 1991. 黄瓜黑星病侵染和发病规律及其生态防治的研究[J]. 植物保护学报, 18 (3) : 273-278.

张桂芬, 刘万学, 万方浩, 等, 2018. 世界毁灭性检疫害虫番茄潜叶蛾的生物生态学及危害与控制[J]. 生物安全学报, 27 (3) : 155-163.

张君明, 王兵, 虞国跃, 2019. 斜斑鼓额食蚜蝇和黑带食蚜蝇各虫期形态描述[J]. 蔬菜 (12) : 70-73.

张萍, 2015. 新疆地区枣大球蚧的研究现状及展望[J]. 新疆农垦科技, 38 (9) : 19-21.

张涛, 吴云锋, 曹瑛, 等, 2012. 李属坏死环斑病毒病研究进展[J]. 北方果树 (1) : 1-3.

张庭发, 赵天鹏, 李小东, 等, 2023. 蠋蝽对草地贪夜蛾田间防效研究[J]. 云南农业 (8) : 74-76.

张宇, 张松柏, 张德咏, 等, 2020. 番茄褐色皱纹果病毒的发生分布及防控对策[J]. 中国蔬菜 (5) : 12-17.

张志升, 王露雨, 2017. 中国蜘蛛生态大图鉴[M]. 重庆: 重庆大学出版社.

周大荣, 宋彦英, 何康来, 等, 1997. 玉米螟赤眼蜂适宜生境的研究和利用: I. 玉米螟赤眼蜂在不同生境中的分布与种群消长[J]. 中国生物防治 (1) : 2-6.

朱正阳, 邸宁, 张帆, 等, 2022. 天敌昆虫东亚小花蝽研究进展与展望[J]. 植物保护学报, 49 (6) : 1551-1564.

ABE Y, KAWAHARA T, 2001. Coexistence of the vegetable leafminer, *Liriomyza sativae* (Diptera: Agromyzidae) , with *L. trifolii* and *L. bryoniae* on commercially grown tomato plants[J]. Applied entomology and zoology, 36 (3) : 277-281.

BAIG M M, DUBEY A K, RAMAMURTHY V V, 2015. Biology and morphology of life stages of three species of whiteflies (Hemiptera: Aleyrodidae) from India[J]. Pan-pacific entomologist, 91 (2) : 168-183.

BIONDI A, GUEDES R N C, WAN F H, et al., 2018. Ecology, worldwide spread, and management of the invasive South American tomato pinworm, *Tuta absoluta*: past, present, and future[J]. Annual review of entomology, 63: 239-258.

CADMAN C H, 1963. Biology of soil-borne viruses[J]. Annual review of phytopathology, 1: 143.

CANOVAI R, BENELLI G, CERAGIOLI T, et al., 2019. Prey selection behaviour in the multicoloured Asian ladybird (Coleoptera: Coccinellidae) [J]. Applied entomology and zoology, 54 (2) : 195-196.

COCHRAN L C, HUTCHINS L M, 1941. A severe ring-spot virus on peach[J]. Phytopathology, 31: 860.

DEMIROZER O, TYLER-JULIAN K, FUNDERBURK J, et al., 2012. *Frankliniella occidentalis* (Pergande) integrated pest management programs for fruiting vegetables in Florida[J]. Pest management science, 68 (12) : 1537-1545.

DI N, ZHANG K, XU Q X, et al., 2021. Predatory ability of *Harmonia axyridis* (Coleoptera: Coccinellidae) and *Orius sauteri* (Hemiptera: Anthocoridae) for suppression of fall armyworm *Spodoptera frugiperda* (Lepidoptera: Noctuidae) [J]. Insects, 12 (12) : 1063.

GUO C, WANG C M, ZHOU T W, et al., 2019. First report of leaf blight caused by *Alternaria brassicicola* on *Orychophragmus violaceus* in China[J]. Plant disease, 103 (5) : 1031-1032.

GUO J F, ZHAO J Z, HE K L, et al., 2018. Potential invasion of the crop-devastating insect pest fall armyworm *Spodoptera frugiperda* to China[J]. Plant protection, 44 (6) : 1-10.

HASHEMI K, KAREGAR A, 2019. Description of *Ditylenchus paraparvus* n. sp. from Iran with an updated list of *Ditylenchus* Filipjev, 1936 (Nematoda: Anguinidae) [J]. Zootaxa, 4651 (1) : 85-113.

HODDLE M S, VAN DRIESCHE R G, SANDERSON J P, 1998. Biology and use of the whitefly parasitoid *Encarsia formosa*[J]. Annual review of entomology, 43: 645-669.

HUSNI, KAINOH Y, HONDA H, 2001. Effects of host pupal age on host preference and host suitability in *Brachymeria lasus* (Walker) (Hymenoptera: Chalcididae) [J]. Applied entomology and zoology, 36 (1) : 97-102.

IVANOV A A, UKLADOV E O, GOLUBEVA T S, 2021. *Phytophthora infestans*: an overview of methods and attempts to combat late blight[J]. Journal of fungi, 7 (12) : 1071.

KATIYAR R R, MISRA B P, UPADHYAY K D, et al., 1976. Laboratory evaluation of a carabid larva, *Chlaenius bioculatus* (Coleoptera: Carabidae) as a predator of lepidopterous pests[J]. Entomophaga, 21: 349-351.

KIRISIK M, ERLER F, KAHRAMAN T, 2023. A new-designed light

trap for the control of potato tuber moth, *Phthorimaea operculella* (Zeller) (Lepidoptera: Gelechiidae) , in stored potatoes[J]. Potato research, 66 (1) : 245-254.

LANZONI A, BAZZOCCHI G G, BURGIO G, et al., 2002. Comparative life history of *Liriomyza trifolii* and *Liriomyza huidobrenss* (Diptera: Agromyzidae) on beans: effect of temperature on development[J]. Environmental entomology, 31 (5) : 797-803.

LI H, JIANG S S, ZHANG H W, et al., 2021. Two-way predation between immature stages of the hoverfly *Eupeodes corollae* and the invasive fall armyworm (*Spodoptera frugiperda* Smith) [J]. Journal of integrative agriculture, 20 (3) : 829-839.

LI X, TAMBONG J, YUAN K X, et al., 2018. Re-classification of *Clavibacter michiganensis* subspecies on the basis of whole-genome and multi-locus sequence analyses[J]. International journal of systematic and evolutionary microbiology, 68 (1) : 234-240.

LI Y Y, WANG M Z, GAO F, et al., 2018. Exploiting diapause and cold tolerance to enhance the use of the green lacewing *Chrysopa formosa* Brauer in biological control[J]. Biological control, 127: 116-126.

LURIA N, SMITH E, REINGOLD V, et al., 2017. A new Israeli *Tobamovirus* isolate infects tomato plants harboring $Tm-2^2$ resistance genes[J]. PLoS One. 12 (1) : 1-19.

MARIN J, CROUAU-ROY B, HEMPTINNE J L, et al., 2010. *Coccinella septempunctata* (Coleoptera: Coccinellidae) : a species complex?[J]. Zoologica scripta, 39: 591-602.

MARTIN E M, 1940. The morphology and cytology of *Taphrina deformans*[J]. American journal of botany, 27: 743-751.

ORPET R J, JONES V P, REGANOLD J P, et al., 2019. Effects of restricting movement between root and canopy populations of woolly apple aphid[J]. PLoS One, 14 (5) : e0216424.

PEARSON D L, 1988. Biology of tiger beetles[J]. Annual review of entomology, 33: 123-147.

PRASAD A, SHARMA N, HARI-GOWTHEM G, et al., 2020. *Tomato yellow leaf curl virus*: impact, challenges, and management[J]. Trends in plant science, 25 (9) : 897-911.

RASIKARI H L, LEACH D N, WATERMAN P G, et al., 2005. Acaricidal and cytotoxic activities of extracts from selected genera of *Australian lamiaceae*[J]. Journal of economic entomology, 98 (4) : 1259-1266.

SHARMA V K, NOWAK J, 1998. Enhancement of *Verticillium* wilt resistance in tomato transplants by in vitro co-culture of seedlings with a plant growth promoting rhizobacterium (*Pseudomonas* sp. strain PsJN) [J]. Canadian journal of microbiology, 44 (6) : 528-536.

TOCHIHARA H, KOMURO Y, 1974. Infectivity test and serological relationships among various isolates of *Cucumber green mottle mosaicvirus*[J]. Annals of the phytopathological society of Japan, 40 (1) : 52-58.

WANG S M, FEI P S, WU Z F, et al., 2023. Adult tiger beetles *Cicindela gemmata* modify their foraging strategy in different hunting contexts[J]. Insect science, 30 (6) : 1749-1758.

WEBB R E, GOTH R W, 1965. A seedborne bacterium isolated from watermelon[J]. Plant disease reporter, 49: 818-821.

Wu F Z, Liu Z H, Shen H, et al., 2014. Morphological and molecular identification of *Paracoccus marginatus* (Hemiptera: Pseudococcidae) in Yunan, China[J]. Florida entomologist, 97 (4) : 1469-1473.

ZEINODINI N, AWAL M M, KARIMI J, 2013. Faunistic and molecular surveys on the pistachio hemiptera of Rafsanjan region and vicinity, south east Iran[J]. Journal of the entomological research society, 15 (1) : 23-31.

ZHANG S Z, WU J X, ZHANG Q, et al., 2004. Research advances of *Propylaea japonica* (Thunberg) in biology, ecology and utilization[J]. Agricultural research in the arid areas, 22: 206-210.

ZOU D Y, WANG M Q, ZHANG L S, et al., 2012. Taxonomic and bionomic notes on *Arma chinensis* (Fallou) (Hemiptera: Pentatomidae: Asopinae) [J]. Zootaxa, 3382 (1) : 41-45.